辣媽*Shania*

給新手的零廚藝、
超省時鬆餅機料理 72

格子鬆餅、鯛魚燒、熱壓吐司、帕里尼、甜甜圈與杯
子蛋糕等夢幻點心,早餐與午茶一次滿足!

我也是小 V 愛好者。

這台外表漂亮的鬆餅機，幾年前在台灣就已經很盛行了。沒想到的是，每當推出新款主機時，還是能不斷造成搶購熱潮。

約莫 5 年前，我已經有一台他牌的鬆餅機，看到漂亮的小 V，真的很心動，烤模實在好多樣化，重點是還可以拆下來清洗，不像其他烤模都是附著在機器上，只能使用濕布擦拭。我忍了好幾個月，就怕自己只是一時衝動，買了之後很少用。

但某次在購買烘焙材料時，看到實品 Tiffany 藍，腦波太弱不敵衝動，我終於買了。

還記得在家第一次烤出鯛魚燒的心情，真的是非常開心，這鯛魚燒實在太可愛了，平常愛吃鯛魚燒的我，從來沒想過竟然可以輕鬆地在家自己做。哎……之前幹嘛掙扎這麼久，早就該買了。

之後，只要有客人來家裡，我就會拿鬆餅機做點心給大家吃，每一次都能聚集眾人目光，每一道點心，只需 3-4 分鐘即可完成，雖然每次烤出來的份量不多，但就是在這樣一次一次烤的過程中，令人更有期待感了（也因為這樣 很多人家裡不只一台）。

Vitantonio 鬆餅機是媽媽們的夢幻玩具，也是可以跟孩子同樂的小家電。簡單倒入麵糊，就能輕鬆完成。我們家女兒國小時，就會找同學一起來家裡玩鬆餅機，享受動手做點心的快樂。只要有了食譜和食材，小女生們在一起玩得很開心，吃得很開心，真的很棒。

準備孩子的早餐還有點心，是件繁瑣辛苦的事情，如果有台好用可愛的工具幫忙完成，可以稍微慰勞父母的辛勞啊。當然也很適合讓孩子帶到學校，作為園遊會或是同樂會的點心。像是甜甜圈，杯子蛋糕、瑪德蓮、蕾絲餅……，都是小 V 非常拿手的項目。

希望這本書，可以幫助小 V 的愛好者，完成一道道的快速早餐及豐盛的下午茶。

Shania

content

5 分鐘快速早餐

④ 8分鐘午茶派對

tea time!

Column｜節日點心

小V影音食譜

熱壓吐司
花生麻糬／時蔬熱壓吐司／薑汁燒肉熱壓吐司／抹茶麻糬紅豆／肉鬆蔥花蛋

一口鬆餅
原味／巧克力／抹茶

比利時鬆餅
原味／巧克力／抹茶／起司培根／蔥花肉鬆

麻糬鬆餅
創意下午茶自己做

巧克力麵包
鬆餅機也能烤麵包

一口法式檸檬塔
清香酸甜好滋味

萬聖節搞怪甜甜圈
搞怪又好吃

Part

1

————

基本工具
與材料

————

基本工具

鬆餅機及烤盤

Vitantonio鬆餅機是目前最受歡迎的鬆餅機,可拆卸式的烤盤讓清洗變得更方便,重點是還有多種烤盤可以替換,能烘烤出漂亮可愛的鯛魚燒、杯子蛋糕、瑪德蓮、塔皮及費南雪等,深受大小女性們的喜愛。開蓋看到成品的那一剎那,任誰都忍不住驚嘆尖叫啊。

除此之外,還有能幫助大家快速完成多變的早餐輕食烤盤,例如帕里尼、熱壓吐司等,都是備餐的好幫手。絕對是集美貌與實用於一身,家家必備一台的鬆餅機。

面板操作及設定都很簡單

上下可安裝不同的烤盤來使用,共有14款

Bakeware *Breakfast & Brunch* · 早餐 / 早午餐

方形盤

帕里尼烤盤

可以熱壓百變的帕里尼或起司烙餅。這款用於製作早餐實用性超高，餡料可在前一天準備好，隔天只需鋪上吐司與食材，4分鐘就能完成營養均衡、外表酥脆、溫熱內餡的餐點，真是超棒的享受。

常有人問我帕里尼與方形吐司烤盤的差異。我的心得是，方形吐司可壓入更多餡料，像是肉類、雞蛋和生菜都能全部放入，烤盤能將餡料包到吐司裡面，不用擔心餡料會跑出來。還可以將芋泥、地瓜泥類的餡料集中裝滿，吃起來更具滿足感。但烤出來的吐司外皮不如帕里尼那般酥脆，比較柔軟，所以很難二選一。

多功能吐司烤盤

看起來跟帕里尼很像，但深度較深，烤盤面積也稍微大一點，可夾入更多餡料。**這是計時器款專屬的烤盤，也是唯一沒辦法與非計時器款小V共用的烤盤。**

三明治吐司烤盤

可放入餡料，但份量較方形吐司少，如果當天早上不想吃太飽，可以使用這個烤盤。建議放味道較重或甜度較高的內餡，例如果醬、花生醬、巧克力醬，或是包入火腿與起司這類餡料不多的食材，三明治烤盤都會是不錯的選擇。

格子鬆餅烤盤

這幾乎是各個型號必備的烤盤。可以做格子鬆餅、一口鬆餅、比利時鬆餅。鬆餅的形狀可依麵糊量來做變化，如果放入較多麵糊，可以做出方形的鬆餅。如果只放二分之一的量，就能做出圓形鬆餅。

愛心鬆餅烤盤

多用來製作鬆餅，做出來的鬆餅比格子鬆餅薄一些，口感會更脆一點，份量也比較少，愛心的形狀很討喜。書中用於格子鬆餅烤盤的配方，都可以運用在這個烤盤上。也有朋友分享熱壓小湯圓，壓出來的模樣也很可愛。

甜甜圈烤盤

可以用來做出超可愛的迷你甜甜圈，也可以用來做一口飯糰。一般外賣的甜甜圈，多屬油炸食品，吃起來比較膩口。但小V的甜甜圈，則是類似蛋糕口感且不那麼甜膩。簡單裝飾之後，就可以變身成不同節日的應景甜點。

銅鑼燒烤盤

可以把銅鑼燒的外皮烤得又圓又漂亮。除了製作銅鑼燒，我還喜歡用它來製作米漢堡，也可以直接用來烤熟冷凍麵糰。出來的成品圓圓的，模樣十分可愛。

瑪德蓮烤盤

可以製作瑪德蓮與雞蛋糕，也有人拿來製作小飯糰。小V做出來的瑪德蓮，比市售任何烤模都來得小，模樣迷你可愛，一口一個剛剛好。製作雞蛋糕的時候，刻意倒多一點麵糊，滿出來的部分，在烘烤之後，會更酥脆好吃。

鯛魚燒烤盤

可以製作鯛魚燒，也有網友用來製作飯糰。鯛魚燒本身非常吸睛，大人小孩都喜歡，可依包入的內餡不同，隨意變身早餐或下午茶。

很多人會介意鯛魚燒的下方與上方烤色不是很均勻，而將整個鬆餅機翻過來，但這樣可能會提高鬆餅機的故障率，說明書中並不建議大家這樣做。我實際試驗讓烤色比較均勻的秘訣，便是麵糊要足夠，也就是在足量的情況烘烤完後，會有多餘麵糊流到烤盤中間。此外，餡料也要放得足夠，麵糊裡面的糖量不得任意減少，便是讓鯛魚顏色漂亮、外型飽滿的秘訣。

杯子蛋糕烤盤

適合做一口蛋糕，一口飯糰。份量迷你，很適合做party food。

 Afternoon tea · 下午茶

迷你塔皮烤盤

這單片烤盤，是香港當初的限定版，直到2019年，台灣才能購買到。這款必須搭配杯子蛋糕的下盤烤盤才可以製作。沒有這台鬆餅機，要製作迷你塔皮是非常麻煩並費工的事情。有了這個烤盤，只需要製作麵糰，簡單分割滾圓，放入烤盤熱壓2-3分鐘就完成了。

法式蕾絲烤盤

這是最受歡迎的烤盤前段班，因為圖案真的太美了，壓出來的餅乾還非常酥脆好吃。除了製作酥脆可口的蕾絲餅，也可把吐司壓成薄片，酥香可口。而蕾絲餅剛出爐時，非常好塑形，可以把它做成冰淇淋杯，口感和外型都滿分喔！

費南雪烤盤

費南雪是大家比較陌生的甜點，形狀也比較樸實。但費南雪在法國是當地的特色甜點，專為金融人設計，所以它的形狀是金條和金磚。在過年時，非常適合拿來送禮。本書裡面也用這個烤盤來製作鳳梨酥。

塔皮烤盤

做塔皮是很多人的噩夢，工序繁複，要先做麵糰、再擀、然後放到烤模裡，壓上烘焙重石，再烘烤。但小V這款烤盤，只需先做好塔皮麵糰，省去後面好幾個步驟，烤出來的塔皮小巧又可愛，都是傳統烘焙工具做不到的。

最實用的烤盤選購建議

每種烤盤我都試過很多次了,各有它
的用途,真的很難割捨。所以我常會
跟問我的人說,不用糾結應該買哪個
烤盤,因為遲早會忍不住全部都搬回
家。

我特別喜歡用小V來製作早餐,很多
在外面賣得很昂貴的早餐,都可以在
家快速完成,像是熱壓三明治、帕里
尼、鬆餅等。只要在前一天多花幾分
鐘準備,隔天就可以快速完成。

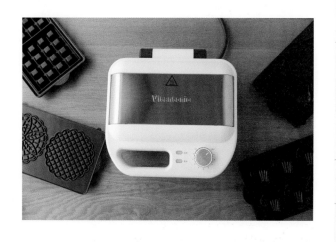

此外,還有令人心動的下午茶,小V做
出來的點心,比一般市售的模具還小
巧可愛,非常符合現代人的審美與偏
好,那種每種都只想嚐一口味道,然
後吃到很多樣的心情。

以下,是我的初級入坑推薦,大家可
以依據是做早餐多些還是做點心多些
來選擇。

早　餐	格子鬆餅/帕里尼 方形吐司
下午茶	甜甜圈/杯子蛋糕/法式薄餅 烤盤/瑪德蓮

食物處理器

Vitantonio食物處理器，輕巧多變又好用，能更有效率地完成麵糰或是麵糊。甜甜圈、杯子蛋糕都可以一鍵完成喔！

麵包機

麵包機款式很多，功能不盡相同。在這本書裡面，是用麵包機來製作麵包麵糰，只要確定麵包機裡面有【麵包麵糰】或【快速麵糰】功能即可。

打蛋器

有桌上型、也有電動手持打蛋器以及一般手動式打蛋器。這本書裡面麵糰或麵糊的份量都不多，建議用手持打蛋器就可以。

計時器

鬆餅機料理大約在3-4分鐘左右可以完成，雖然最新款鬆餅機已內建計時器，但建議家裡還是在買一台，以備不時之需。

鋼盆或大容量玻璃量杯

用來攪拌麵糊時候使用。

刮板

作為分割麵糰、整形的時候使用。如一口鬆餅是一口迷你塔中會使用到。

擀麵棍

塑膠製的擀麵棍比較沒有發霉的問題。

篩網

用來過篩麵粉與麵糊時使用。

電子秤

為了精準做出成功的烘焙食品,電子秤是必備的工具,建議購買可以精準到0.1g的量秤,使用起來會更方便。

麵包刀

麵包刀有著特殊的鋸齒狀,才能切割出漂亮的麵包。

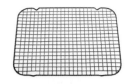

網架

剛出爐的麵包或鬆餅必須放涼,底部必須呈現網狀,才不會讓鬆餅與點心的底部因為熱氣無法散去而受潮。

隔熱手套

當烤盤還有溫度,從鬆餅機取出烤盤或清洗時使用。

矽膠夾

將烤好的鬆餅、鯛魚燒等從烤盤取出的輔助工具。矽膠耐熱又不會刮傷烤盤,是眾多材質中比較推薦的一款。

刮刀

攪打麵糊或做餅乾麵糊時,可以用來清除沾粘在攪拌盆旁多餘的麵粉等材料。

擠花袋

呈現三角形的形狀,需將麵糊裝到擠花袋裡面,才可以精準地倒入鬆餅烤盤上。

矽膠刷

鬆餅機預熱好之後,放入麵糊之前,需要在烤盤上塗抹適量的奶油。建議使用矽膠刷,既耐熱又好清洗。

基本材料

低筋麵粉

低筋麵粉是筋性最低的麵粉，用於製作鬆餅、銅鑼燒、蛋糕等點心，在超市即可購得。

高筋麵粉

高筋麵粉的筋性比較高，能做出有嚼勁的麵包，在超市即可購得。

米榖粉

由米研磨而成，本書用於製作鬆餅，吃起來格外有米榖的香氣，也可減少麥麩的使用量。

可可粉

食譜裡面所使用的可可粉皆為無糖可可粉，市售可可粉有顏色深淺之分、風味也會有所不同。不建議購買調味過的沖泡式可可粉，會影響做出來的成品。

炭焙烏龍茶粉

具濃郁的炭焙香氣，可購買市售的炭焙烏龍茶，再自行用研磨器磨成茶粉，來製作甜點。

糯米粉

用來製作麻糬，在超市就可以買得到。

奶粉

用於增添風味，讓烤色更美。一般市售的成人奶粉皆可，若覺得罐裝量太大，可於烘焙材料行購買到小包裝。

抹茶粉

請使用烘焙專用的無糖抹茶粉（如靜岡抹茶粉），一般沖泡用的綠茶粉因為不耐高溫，烘烤之後會變色，要留意部分市售商品添加了砂糖與奶粉，並不適合拿來烘焙。

泡打粉

有助於讓麵糊蓬鬆，如鬆餅、鯛魚燒、瑪德蓮等料理會使用到。本書使用無鋁泡打粉，可在烘焙材料行購買。

水

用於製作麵包的時候，夏天建議使用冰水，冬天則使用常溫水即可。

鮮奶

一般市售鮮奶即可。

速發酵母

本書使用一般速發酵母。速發酵母使用起來非常方便，用量少，並可迅速地與水融合並發酵。

鮮奶油

本書使用的是動物性鮮奶油。

糖粉

細砂糖

糖類

細砂糖：
一般麵包，建議使用細砂糖來製作。

糖粉：
質地顆粒更細緻，適合用來製作蕾絲餅等甜點。

黑糖：
富含鐵質，製作鬆餅時，建議先將結塊的糖塊過篩再使用。

珍珠糖：
用來製作比利時鬆餅，建議購買顆粒大一點的，吃起來的口感更佳。

雞蛋

食譜裡面使用的雞蛋，去殼之後每顆重量約50g。

油脂

液態油

常用的橄欖油、玄米油、葵花油或沙拉油都可以。

奶油

本書使用的奶油大多為藍三角奶油，製作出來的餅乾，奶香味十足，也很鬆酥，包含少許的鹽分，可以增添風味。

非調溫巧克力

有黑巧克力與白巧克力可以選擇，在烘焙材料行可以買得到。適合用來在甜甜圈或是其他甜點上，畫出圖案。建議放入三明治袋裡面，隔水加熱至融化之後，即可在甜點上畫畫，凝固速度也很快。

鹽

在麵包製作上，除了可抑制麵糰過度發酵，還能提味，並增加麵糰的彈性。應用在甜點上，則可以增添風味。

奶油乳酪

巧克力豆

在烘焙材料行購買，通常會存放在冷藏區，烘烤之後若稍微融化，是正常現象。

奶油乳酪
(cream cheese)

奶油乳酪最常被用來製作起司蛋糕，本書中是用來做杯子蛋糕。

香草豆莢

富有天然濃郁香氣的香草豆莢，常用在甜點製作，在烘焙材料行都可以買得到，本書用於製作香草卡士達醬（P028）。

關於小V暨食譜的 F A Q

Q1 小V做任何點心前,是否都要預熱?
預熱時間約多長?

是的,預熱是必要的。通常等到綠燈亮
了之後,就代表已經預熱完成。等待的
時間約4-6分鐘不等。

Q2 小V烤盤,在做任何點心前,都需要抹油嗎?
如果需要抹油,抹植物油還是奶油呢?

不一定每樣都得塗抹奶油,但大多數都是需要的,建
議塗抹奶油,會比植物油更合適。

Q3 坊間有些文章說,為了讓鬆餅烤色更均勻,因
此烤到一半時,小V整台機器要翻面,是這樣
嗎?如果不翻面,烤色是否會不均勻?

不建議在使用期間將機器翻轉過來,以免對機器造成
損害。烤色不均的問題,有時候是因麵糊量不足的關
係。大家多烤幾次之後,就會比較清楚麵糊應該放多
少才會剛好。

Q4 使用完小V後，要如何清潔與保養烤盤？
烤盤可以放入洗碗機中清潔嗎？

取下的烤盤建議用中性的洗碗精清洗，並且搭配海綿
使用。烤盤表面因有防沾黏的塗層，絕對不可以放入
洗碗機喔。

Q5 小V上蓋闔起來時，機器扣不緊是正常的嗎？
麵糊會不會溢出來呢？

由於麵糊烘烤之後都會膨脹，為了預留空間，所以上
蓋扣不緊是正常的。機器的說明書裡面都有說明，建
議大家還是要先看一下說明書再來操作。

Q6 小V烤盤，平日要如何收納呢？
可以疊起來嗎？

建議可以購買A4L的資料夾來收藏，
加上漂亮的標籤，這樣既好整理又一
目瞭然。

おいしい

Q7 小V烤盤每代的機型都可以共用嗎？

多功能烤盤只適用計時器款，其他烤盤則
可適用各代機型。

Q8 小V需不需要空燒這個開機程序？
還是清潔後，就可開始使用？

建議詳見說明書，請按使用說明操作。

Q9 怎樣知道小V已經預熱完成？

綠燈亮了，就代表預熱已經完成。

Q10 烘烤中途，可以掀開上蓋來看嗎？

上蓋之後，但開始的2分鐘內不建議打開
蓋子，麵糊可能還沒熟，打開可能會破壞
成品。

Q11 使用後，要馬上把蓋子蓋上嗎？

依據我的使用經驗，建議待鬆餅機冷卻之
後，再蓋上蓋子。不然餘熱會造成類似空
燒的作用，可能會減少烤盤的壽命。

網友投稿的
最愛烤盤與創意作品

鯛魚燒
烤盤

魚兒水中游
鯛魚燒鬆餅三明治
作者：竺的雜貨鋪

可愛的鯛魚燒鬆餅，一出鍋直接有造型，當成三明治夾入鹹食或甜食，都非常美味，大人小孩都喜歡。

萬聖節巧克力蕾絲餅
作者：Kanaの烘焙小廚房

蕾絲
烤盤

最愛小 V 的蕾絲烤盤了。用蕾絲烤盤幫小朋友做應景小點心到學校分享，好吃又好看，拿出去超有面子。

蛋餅皮韭菜盒子

作者：Joy Lin （林鈺婷）

擁有了小V，不用揉麵糰擀皮，只要使用蛋餅皮，前後左右折一折，熱壓6分鐘，就有美味可口且不油膩的韭菜盒子可以享用了。

一口維尼布丁塔

作者：王惠玲

感謝辣媽的食譜，很榮幸能參與這次的新書活動。酥脆的塔皮搭配香濃內餡，再以巧克力點綴出可愛的裝飾，是道好吃又好看的小點心。

春時花兒朵朵開

作者：楊琇如

把繽紛的麵糰，用小V的甜甜圈烤盤一壓，就可以烤出那一朵朵洋溢春天氣息的小花。

美味
餡料

香草卡士達醬

材料

香草豆莢	1/4根	細砂糖	40g
鮮奶	160g	低筋麵粉	20g
蛋黃	2顆		

作法

1. 牛奶鍋：剝開香草豆莢，挖出香草籽，與鮮奶一起放到鍋子裡面加熱，到鍋邊微微起泡，但不要加熱到沸騰❶。

2. 蛋糊鍋：取另一個鍋子，放入蛋黃及細砂糖，以打蛋器攪拌均勻❷，然後加入過篩的麵粉❸，再度攪拌均勻❹。

3. 倒入約1/2加熱過的牛奶至2中，持續攪拌均勻❺。

4. 之後再倒回鍋內❻，以小火一邊攪拌、一邊加熱。

5. 加熱到稍微黏稠時，就關火❼。

6. 倒入保鮮盒裡面，以保鮮膜覆蓋住放涼後，放入冰箱保存。

Tips

- 香草豆莢在烘焙材料行可購得，若沒有香草豆莢可省略，也可用香草豆莢醬或香草精取代。
- 卡士達醬建議放到隔天會更美味，最好3天內食用完畢。
- 剩餘的蛋白可拿來做原味蕾絲餅或蜂蜜費南雪。

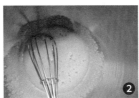

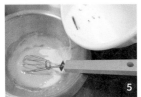

巧克力卡士達醬

材料

鮮奶	180g	細砂糖	25g
可可粉	5g	低筋麵粉	15g
苦甜巧克力	60g	奶油	25g
雞蛋	1顆		

作法

1. 牛奶鍋：把鮮奶、可可粉及苦甜巧克力全部放入牛奶鍋裡❶，以小火煮到巧克力融化，放涼備用。

2. 蛋糊鍋：將全蛋與細砂糖一起打散❷，加入過篩的低筋麵粉❸，再度攪拌均勻。

3. 將1倒1/2入蛋糊鍋裡❹，攪拌均勻。

4. 再把3倒回牛奶鍋，邊煮邊攪拌❺，直到變濃稠為止❻。

5. 最後把4倒入另一個裝有奶油的鍋子❼，攪拌均勻❽。蓋上保鮮膜，冷卻之後，放入冰箱冷藏。

Tips
- 冰箱冷藏3天內吃完。
- 建議前一天做好，隔一天風味更佳。

芋泥餡

材料

蒸熟的芋頭	200g
奶油	15g
細砂糖	32g
鮮奶	20g

作法

1. 芋頭切片,放入電鍋中蒸熟(或可隔水加熱蒸熟)❶。

2. 使用食物處理器,趁熱把蒸好的芋頭與其他材料混合均勻❷。

3. 待放涼之後,密封放入冰箱冷藏,3天內需使用完畢。

Tips

· 甜度可以依個人喜好調整,如果搭配鹹食,則可以提高甜度,風味會更具層次感。
· 芋泥可用於熱壓吐司或鯛魚燒都很適合。

地瓜餡

材料

蒸熟地瓜	130g
細砂糖	10g
奶油	10g

作法

1. 將所有材料放入食物處理器中混合均勻，即完成❶❷。

烏龍茶糖漿

材料

水................................50g
炭焙烏龍茶....................3g
細砂糖..........................50g

作法

1. 將煮沸的熱水與茶葉在杯中一起浸泡約4-5分鐘左右,將茶葉濾掉,取出茶液❶。

2. 把茶液與細砂糖倒入小鍋中煮到沸騰,約1-2分鐘即可關火❷。

3. 放涼之後,放入冰箱冷藏。

> *Tips*
> ・茶葉可依個人喜好,改用一般紅茶或是伯爵茶取代。
> ・有茶香的糖漿,很適合搭配鬆餅一起吃,味道更有層次。

手工麻糬

材料

糯米粉..........................80g
水..............................120g
細砂糖..........................15g
油..............................少許

作法

1. 將全部材料放入攪拌盆中攪拌均勻❶，完成米漿。

2. 平底鍋預熱後，沾上一點點油，倒入米漿❷。

3. 待底部凝固之後，翻攪到麻糬煮熟❸。

4. 煮熟的麻糬呈現米白色，放到沾上少許油的盤子上，蓋上也
沾了少許油的保鮮膜備用。

Tips
・翻動麻糬的刮刀或鍋鏟，建議要抹少許油才
不會沾黏。
・建議當天吃完。

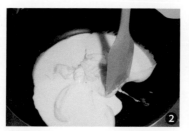

nomnom

快速早餐 準備攻略

媽媽們都知道，每天準備早餐跟打仗沒兩樣，如果因一個步驟錯了而拖延到時間，小孩就會在旁邊哀哀叫。不少媽媽們在睡前會在腦袋裡面先「預演」一次明天早餐的流程，如果覺得哪邊不順，有個萬一，還得再想個備案，並因此而睡不好。

大家不妨參考一下辣媽準備早餐的步驟，看了保證大家就能安心去睡覺了。

麵糊類：鬆餅／銅鑼燒／鯛魚燒

前一天

準備好麵糊 →	內餡份量分好 →	準備好鬆餅機 →	準備相關的小工具
將除了泡打粉以外的麵糊材料，依照食譜攪拌均勻（泡打粉太早放會失效，隔一天麵糊會不夠蓬鬆）。	如紅豆餡、麻糬餡可以先分好（卡士達醬不需要先分好）。	將小V先擺放在方便的位子，烤盤也換好。	如刷子（刷奶油）、夾子（夾出鬆餅）、刮刀（攪拌麵糊）。

當天早上

預熱鬆餅機 ┈┈→ 麵糊加入泡打粉攪拌均勻 ┈┈→ 預熱完成 → 烤盤上塗抹奶油 → 倒入麵糊 ┈┈→ 完成

麵糰類：比利時鬆餅

 yummy！yummy！

前一天

打好麵糰
直接入冷藏發酵
→
餡料準備好放在
保鮮盒裡面冷藏
→
將小V先擺放在方便
的位子，烤盤也換好
→
準備相關
的小工具

刷子（刷奶油）、
夾子（夾出鬆餅）、
刮板（分割麵糰用）

當天早上

預熱鬆餅機
⋯→
分割
麵糰
⋯→
包入
內餡
⋯→
烤盤上
塗抹奶油
⋯→
倒入
麵糊
⋯→
完成

麵糰類：麵包

好吃！

前一天

打好麵糰 → 一次發酵 → 整形 → 二次發酵之後入冷凍庫 → 將小V先擺放在方便的位子，烤盤也換好 → 準備相關的小工具

刷子（刷奶油）、夾子（夾出麵包）。

當天早上

從冷凍庫取出麵糰 → 預熱鬆餅機 → 預熱完成 → 烤盤上塗抹奶油 → 放入麵糰 → 完成

吐司類：帕里尼／熱壓吐司

帕里尼與熱壓吐司的餡料比起其他早餐繁複些，前一天要準備的食材也比較多，請大家參閱想要製作的食譜，一一對照是否有遺漏的食材。

yummy！yummy！

但其實裡頭要夾什麼餡料可以很隨興，即使少一樣也沒關係。另外，大家也可根據冰箱中的現有食材，依照個人喜好自行搭配。

前一天

切好吐司	準備餡料	準備生菜	準備好鬆餅機	準備相關的小工具
確定吐司都已經切片，並放在小V旁。	熱炒的餡料先炒好，放在保鮮盒裡面，涼了之後可以入冰箱保存。	生菜部分先清洗好，脫水之後入保鮮盒，放在冰箱冷藏。如果是會氧化的蔬菜水果，切好之後，建議放在真空的保鮮盒儲存。		刷子（刷奶油）、夾子（夾出麵包）。

當天早上

預熱鬆餅機 ⟶ 從冰箱取出需要的食材 ⟶ 預熱完成 ⟶ 烤盤上塗抹奶油 ⟶ 放上吐司、配料 ⟶ 完成

Waffle‧鬆餅

原味格子鬆餅

外酥內 Q，搭配上討喜的格子外型，一直以來，都是鬆餅界的扛霸子，無論是直接吃，還是淋上蜂蜜或是佐上一球冰淇淋，吃起來更具層次變化。

材料

雞蛋 1顆	低筋麵粉.................... 100g
細砂糖........................ 20g	無鋁泡打粉................. 3.5g
鮮奶......................... 100g	奶油..... 些許（塗烤盤用）
原味優格..................... 20g	

烤盤	格子鬆餅
計時	3-4 分鐘
片數	4 片

作法

1. 取一大碗，打入雞蛋後用打蛋器打散，然後加入砂糖
   攪拌均勻❶，再倒入鮮奶與原味優格，攪拌均勻。

2. 接著過篩麵粉和無鋁泡打粉（如果麵粉有結塊現象，
   記得麵糊先過篩再使用）❷，繼續以打蛋器攪拌均勻
   ❸❹，麵糊即完成。

3. 鬆餅機預熱完後，上下烤盤各塗上一層薄薄的奶油
   ❺，倒入麵糊，蓋上鬆餅機，設定3-4分鐘即完成❻。

Tips
- 做好的麵糊建議於當天內使用完畢。
- 鬆餅可常溫保存2天。

Waffle · 鬆餅

巧克力格子鬆餅

濃郁的可可香氣，吃起來有點接近巧克力
蛋糕的特別口感。

材料

低筋麵粉.....................85g
可可粉.........................15g
無鋁泡打粉...................3.5g
雞蛋..............................1顆

細砂糖...........................25g
鮮奶.............................90g
高熔點巧克力豆...........些許
奶油.......些許（塗烤盤用）

烤盤	格子鬆餅
計時	3-4 分鐘
片數	4 片

作法

1. 將除巧克力豆外的所有材料放到攪拌杯中❶，直接用均質機將所有材料混合均勻❷。

2. 鬆餅機預熱完成之後❸，上下烤盤各塗上一層薄薄的奶油❹。

3. 倒入1的麵糊，撒上適量的巧克力豆❺，蓋上鬆餅機，設定3-4分鐘即完成❻。

Tips

若沒有調理機，可參考原味格子鬆餅的步驟製作。

Waffle · 鬆餅

抹茶紅豆格子鬆餅

抹茶和紅豆是點心界的最佳拍檔，微苦的抹茶加上略甜的紅豆，可說是剛剛好的美味。

材料

低筋麵粉	92g	細砂糖	25g
抹茶粉	8g	鮮奶	85g
無鋁泡打粉	3.5g	蜜紅豆	適量
雞蛋	1顆	奶油	些許（塗烤盤用）

烤盤	格子鬆餅
計時	3 分鐘
片數	4 片

作法

1.　麵粉、抹茶粉與泡打粉過篩備用❶。

2.　取一大碗，雞蛋打散，加入細砂糖，以刮刀攪
　　拌均勻，再倒入鮮奶繼續攪拌均勻。

3.　接著倒入粉類（如果有結塊現象，記得要過
　　篩），攪拌均勻❷。

4.　加入蜜紅豆攪拌均勻❸。

5.　鬆餅機預熱完成後，上下烤盤各塗上一層薄
　　薄的奶油，倒入麵糊❹，蓋上鬆餅機，設定
　　3-4分鐘即完成。

Waffle · 鬆餅

草莓格子鬆餅

用天然草莓乾打成粉製作出來的草莓鬆餅，帶著誘人的酸甜水果香氣，讓人不禁食指大動。

材料

低筋麵粉 85g	砂糖 20g
天然草莓粉 15g	鮮奶 85g
無鋁泡打粉 3.5g	奶油.......些許（塗烤盤用）
雞蛋 1顆	融化的白巧克力 .... 些許

烤盤	格子鬆餅
計時	3-4 分鐘
片數	4片

作法

1. 秤量約15g的草莓乾❶，用食物處理器攪打成粉❷。

2. 放入除白巧克力外的所有材料❸，啟動處理器攪拌均勻❹。

3. 鬆餅機預熱完成後，上下烤盤各塗上一層薄薄的奶油，倒入2的麵糊，蓋上鬆餅機，設定3-4分鐘即完成。

4. 在烤好的鬆餅上，淋上融化的白巧克力。

Tips

若沒有調理機，可改用果汁機來打碎草莓乾，但因為粉末會無法全數倒出來，耗損會較多。粉打好之後，可參考原味格子鬆餅的步驟製作。

麻糬格子鬆餅

在這款鬆餅中，麻糬並不是做為內餡的存在，而是融入鬆餅之中，酥脆中有著 Q 彈的絕妙口感，讓人忍不住一口接一口。

烤盤	格子鬆餅
計時	3-4 分鐘
片數	4 片

材料

雞蛋.........................1顆
細砂糖......................20g
蜂蜜.........................20g
鮮奶.........................100g
奶油.......25g（事先融化）
低筋麵粉.................100g
泡打粉.........................3g
麻糬 ....適量（參考P033）
奶油......些許（塗烤盤用）

作法

1. 取一大碗，雞蛋打散，之後加入細砂糖、蜂蜜、鮮奶及融化的奶油，以打蛋器攪拌均勻。

2. 分兩次加入過篩的麵粉和泡打粉❶，改以刮刀攪拌均勻❷（分次加入才不會結塊），完成麵糊。

3. 把麵糊靜置10-15分鐘。（若趕時間，可省略）

4. 鬆餅機預熱完成，上下烤盤各塗上適量奶油，倒入適量的麵糊❸，抓適量麻糬鋪上。

5. 蓋上蓋子，設定3-4分鐘即完成❹。

Tips

· 做好的麵糊建議於當天內使用完畢。
· 建議用沾過少量沙拉油的塑膠袋抓麻糬才不會沾黏。

蜂蜜堅果米鬆餅

養生又好吃,加入米穀粉的鬆餅,吃起來稍微 QQ 的,口感很特別,大家務必要試試看喔!

材料

雞蛋	1顆	蓬萊米穀粉	50g
細砂糖	15g	無鋁泡打粉	4g
蜂蜜	15g	綜合堅果碎	適量
鮮奶	80g	（腰果、南瓜子、核桃、葡萄乾……）	
低筋麵粉	50g	奶油	些許（塗烤盤用）

烤盤	格子鬆餅
計時	3-4 分鐘
片數	4 片

作法

1. 取一大碗，雞蛋打散，之後加入細砂糖、蜂蜜，以打蛋器攪拌均勻，再加入鮮奶，繼續拌勻。

2. 加入過篩的麵粉、米穀粉與泡打粉❶，攪拌均勻，麵糊完成後會呈有點濃稠狀❷。

3. 鬆餅機預熱完成後，上下烤盤各塗上一層薄薄的奶油，倒入適量的麵糊，再撒上一些堅果碎❸。

4. 蓋上鬆餅機，設定3-4分鐘即完成。

Tips
一定要在將麵糊倒入鬆餅機之後，再放入堅果，否則麵糊會變得不夠濃稠。

黑糖愛心
米鬆餅

這款鬆餅一定要趁剛烤好的時候吃，卡滋卡滋的口感，加了米穀粉，多了點 QQ 的感覺，非常好吃。

材料

雞蛋 1顆	蓬萊米穀粉 50g
黑糖 30g	無鋁泡打粉 3.5g
鮮奶 85g	奶油 ..... 些許（塗烤盤用）
低筋麵粉 50g	

烤盤	愛心鬆餅烤盤
計時	3-4 分鐘
片數	2-3 盤

作法

1. 雞蛋打散❶，加入黑糖與鮮奶❷，攪拌均勻。

2. 加入過篩的低筋麵粉、米穀粉還有泡打粉，繼續攪拌均勻❸。

3. 鬆餅機預熱完成，上下烤盤各抹上少量的奶油❹。

4. 倒入適量的麵糊❺，蓋上蓋子，設定3分鐘即完成。

Tips

在麵糊放上鬆餅機之後，還可以撒上適量的黑芝麻❻，烘烤出來的鬆餅會更香更對味❼。

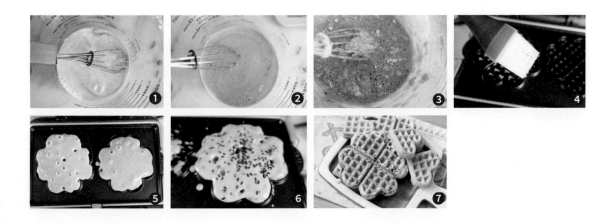

Liege Wafflee · 鬆軟比利時鬆餅

原味比利時鬆餅

比利時鬆餅又稱為烈日鬆餅，麵糰製作與麵包相似，外皮酥脆、內層還能咬到珍珠糖的顆粒，也吃得到天然的奶油香。

材料

高筋麵粉	100g
低筋麵粉	80g
細砂糖	35g
速發酵母	3g
鮮奶	55g

雞蛋	1顆
奶油	60g
奶油	些許（塗烤盤用）

包餡

珍珠糖	適量

作法

1. 先來嘗試直接發酵的方法（鹹甜口味都適用）。將除奶油外的所有材料放入麵包機，啟動【快速麵糰】模式（其他麵包機，則使用【麵包麵糰】模式）。待麵糰成團之後，投入奶油，之後讓麵包機繼續揉麵❶。

2. 麵糰發酵好之後，分割成8等份。

3. 每個麵糰各包入適量的珍珠糖❷。

4. 鬆餅機預熱完成後，上下烤盤各塗上適量奶油，兩邊個別放上一個麵糰❸蓋上蓋子，設定3-4分鐘即完成❹。

Tips ─
快速麵糰模式，已包含了揉麵與一次發酵60分鐘。

可冷藏發酵的
比利時鬆餅麵糰

本書所介紹的所有比利時鬆餅麵糰，皆可使用冷藏發酵（鹹甜口味都適用），材料請參考比利時鬆餅部分：

1. 將除奶油外的所有材料放入麵包機中，啟動【揉麵】模式（其他麵包機，則使用【烏龍麵糰】模式），等麵糰成糰之後，投入奶油。

2. 打好的麵糰，放入保鮮盒冷藏發酵，約8-10小時之後，完成基礎發酵，從冰箱取出，將麵糰分割成8等份。

3. 預熱鬆餅機，之後包餡料：
   ● 原味、巧克力及抹茶口味→包入適量的珍珠糖。
   ● 培根起司與蔥花肉鬆起司口味→個別包入不同餡料。

4. 鬆餅機預熱完成後，上下烤盤各塗上適量奶油，兩邊個別放上一個麵糰，蓋上蓋子，設定3-4分鐘即完成。

Tips
【揉麵】僅有揉麵，並不包含發酵。

Liege Wafflee · 鬆軟比利時鬆餅

巧克力比利時鬆餅

除了珍珠糖外,有著可可香氣的巧克力比利時鬆餅,絕對是鬆餅大軍中不可缺少的一員。

材料

高筋麵粉 100g
低筋麵粉 65g
可可粉 15g
細砂糖 35g
速發酵母 3g
鮮奶 55g

雞蛋 1顆
奶油 60g
奶油 .... 些許（塗烤盤用）

烤盤	格子鬆餅
計時	3-4分鐘
片數	8片

包餡

珍珠糖 .... 適量

作法

1. 來嘗試直接發酵的方法。除奶油外的所有材料放入麵包機，啟動【快速麵糰】模式（其他麵包機，則使用【麵包麵糰】模式）。待麵糰成糰之後，投入60g奶油，之後讓麵包機繼續揉麵。

2. 麵糰發酵好之後❶，分割成8等份。

3. 每個麵糰各包入適量的珍珠糖❷。

4. 鬆餅機預熱完成後，上下烤盤各塗上適量奶油，兩邊個別放上一個麵糰❸，蓋上蓋，設定3-4分鐘即完成。

Tips

· 快速麵糰模式，已包含了揉麵與一次發酵60分鐘。
· 比利時鬆餅可前一天先做好，放涼之後，裝入保鮮盒中。隔一天早上用烤箱以180℃回烤3分鐘即可。

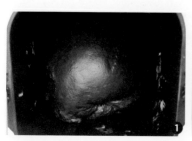

抹茶比利時鬆餅

想要有點變化，不妨添加抹茶粉，微苦中帶著甜香，是充滿大人風的鬆餅啊！

材料

高筋麵粉	100g	雞蛋	1顆
低筋麵粉	70g	奶油	60g
抹茶粉	10g	奶油	些許（塗烤盤用）
細砂糖	35g		
速發酵母	3g		
鮮奶	55g		

烤盤	格子鬆餅
計時	3-4 分鐘
片數	8 片

包餡

珍珠糖..................適量

作法

1. 來嘗試直接發酵的方法。除奶油以外的所有材料放入麵包機，啟動【快速麵糰】模式（其他麵包機，則使用【麵包麵糰】模式），麵糰成糰之後，投入所有的奶油，之後讓麵包機繼續揉麵。

2. 麵糰發酵好之後，分割成8等份。

3. 每個麵糰各包入適量的珍珠糖❷。

4. 鬆餅機預熱完成後，上下烤盤各塗上適量奶油，兩邊個別放上一個麵糰，蓋上蓋，設定3-4分鐘即完成。

> *Tips*
> ・快速麵糰模式，已包含了揉麵與一次發酵60分鐘。
> ・比利時鬆餅可前一天先做好，放涼之後，裝入保鮮盒中。隔一天早上用烤箱以180℃回烤3分鐘即可。

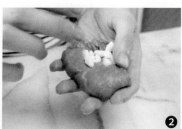

Liege Wafflee · 鬆軟比利時鬆餅

培根起司比利時鬆餅

除了甜口味，比利時鬆餅也可以拿來做成百吃不膩的鹹口味，讓人對每天的早餐充滿了期待。

材料

原味比利時鬆餅麵糰...1份
（參考P054）

餡料

培根切小片 .... 適量
莫札瑞拉起司 .... 適量

烤盤	格子鬆餅
計時	3-4 分鐘
片數	8 片

作法

1. 來嘗試直接發酵的方法。將除奶油外的所有材料放入麵包機，啟動【快速麵糰】模式（其他麵包機，則使用【麵包麵糰】模式），麵糰成團之後，投入所有的奶油，之後讓麵包機繼續揉麵。

2. 麵糰發酵好之後，分割成8等份。

3. 每個麵糰包入適量的兩種餡料❶。

4. 鬆餅機預熱完成後，上下烤盤各塗上適量奶油，兩邊個別放上一個麵糰，蓋上蓋子，設定3-4分鐘即完成。

Tips

· 快速麵糰模式，已包含了揉麵與一次發酵60分鐘。
· 比利時鬆餅可前一天先做好，放涼之後，裝入保鮮盒中。隔一天早上用烤箱以180℃回烤3分鐘即可。

Liege Wafflee · 鬆軟比利時鬆餅

蔥花肉鬆比利時鬆餅

蔥花肉鬆是台式麵包中的經典口味，拿來製作成鹹口味的鬆餅也非常合適。

材料

原味比利時鬆餅麵糰...1份
（參考P054）

餡料

蔥花.........................適量
肉鬆.........................適量
莫札瑞拉起司............適量

烤盤	格子鬆餅
計時	3-4分鐘
片數	8片

作法

1. 來嘗試直接發酵的方法。將除奶油外的所有材料放入麵包機，啟動【快速麵糰】模式（其他麵包機，則使用【麵包麵糰】模式），麵糰成糰之後，投入所有的奶油，之後讓麵包機繼續揉麵。

2. 麵糰發酵好之後，分割成8等份。

3. 麵糰包入適量的三種餡料。

4. 鬆餅機預熱完成之後，上下烤盤各塗上適量奶油，兩邊個別放上一個麵糰，蓋上蓋子，設定3-4分鐘即完成。

Tips

· 快速麵糰模式，已包含了揉麵與一次發酵60分鐘。
· 比利時鬆餅可前一天先做好，放涼之後，裝入保鮮盒中。隔一天早上用烤箱以180℃回烤3分鐘即可。

烤起司煎餅

烤好的起司煎餅是一大片的，香香脆脆非常過癮，也很適合剪成條狀，吃起來會更方便。還可以搭配生菜沙拉，除了很對味外，也是很具飽足感的一餐。

烤盤	帕里尼
計時	5-7分鐘
片數	4片

材料

高筋麵粉	250g	橄欖油	12g
水	155g	鹽	3g
細砂糖	12g	乳酪絲	適量
速發酵母	2.5g		

作法

1. 將除乳酪絲以外的所有材料放入麵包機，【快速麵糰】模式（其他麵包機，則使用【麵包麵糰】模式）。

2. 取出麵糰分割成4等份，滾圓休息10分鐘**❶**。

3. 將麵糰**❷**擀成扁平狀，再以保鮮膜一個一個分隔包起來**❸**，放入冷凍庫。

4. 隔天早上起床，小V預熱4分鐘之後，放上冷凍麵糰**❸**，蓋起來加熱3-4分鐘。

5. 打開上蓋後撒上起司**❹**，再烤2-3分鐘，至表面呈現金黃狀即完成**❺**。

Tips

· 快速麵糰模式包含揉麵與發酵共1小時。
· 冷凍麵糰不須退冰，可直接烤。

地瓜
烙餅

烤盤	銅鑼燒
計時	3-6 分鐘
片數	10 個

我超愛烙餅類的食品，出鍋後皮酥脆，又香又酥，搭配上裡面甜甜的地瓜餡，給人滿滿的幸福感。

材料

高筋麵粉	200g	速發酵母	2g
雞蛋	20g	鹽	2g
冰水	100g	奶油	20g
細砂糖	20g	奶油	些許（塗烤盤用）

餡料

地瓜餡 .... 150g（請見P033）

裝飾

黑芝麻.........................少量

作法 ▶

1. 把所有材料放入麵包機中，【快速麵糰】模式（其他麵包機，則使用【麵包麵糰】模式）（已包含揉麵＋一次發酵60分鐘）。

2. 取出麵糰，分成10等份，排氣滾圓後，讓麵糰休息10分鐘。

3. 取一麵糰拍平，包入15g的地瓜餡❶，收口捏緊❷，再度壓平後放到烘焙紙上，於溫度35℃左右發酵30分鐘。

4. 發酵好之後噴點水，蓋上保鮮膜，直接放入冷凍庫中❸（如果直接放入鬆餅機現烤，約3-4分鐘可完成）。

5. 隔天早上起來，預熱鬆餅機，將麵糰從冷凍庫取出，不需要退冰，預熱後即可直接烘烤。

6. 鬆餅機上下烤盤各塗上奶油❹，把麵糰放到鬆餅機中❺，灑點黑芝麻，蓋上蓋子（因為麵糰比較硬，無法蓋密合是正常的）❻。

7. 上蓋，設定5-6分鐘，至麵包邊邊感覺有彈性即完成。

Tips
- 若使用的是攪拌器，建議做兩倍的份量會比較好打。投入麵糰材料後，先以慢速打3分鐘，再調中速打4-6分鐘（每台機器皆不同，重點是要打出薄膜），之後放到室溫28℃的地方發酵60分鐘。
- 冷凍麵糰建議在3天內要烤完。

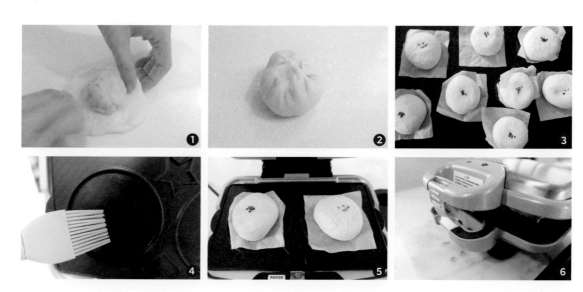

巧克力麵包

烤盤	銅鑼燒
計時	4-5 分鐘
片數	10 片

濃郁的巧克力在冬天裡會帶給人足夠的熱量與精力,直接包成內餡,不沾手又好攜帶,是早餐的好選擇。

材料

高筋麵粉	185g	速發酵母	2g
無糖可可粉	15g	鹽	2g
奶粉	10g	奶油	25g
冰水	130g	奶油	些許(塗烤盤用)
細砂糖	20g		

餡料

巧克力豆 .. 50g(每個麵包5g)

作法

1. 將所有材料放入麵包機，啟動【快速麵糰】模式（其他麵包機，則使用【麵包麵糰】模式）（包含揉麵＋一次發酵60分鐘）。

2. 取出麵糰，分割成10等份❶，排氣滾圓後，讓麵糰休息10分鐘。

3. 取一麵糰拍平，包入5g巧克力豆❷，收口捏緊❸，再度壓平後放到烘焙紙上❹，於溫度35℃左右處發酵30分鐘。

4. 發酵好之後噴點水，蓋上保鮮膜，直接放入冷凍庫中（如果直接放入鬆餅機現烤，約3-4分鐘可完成）。

5. 隔天早上起來，預熱鬆餅機，將麵糰從冷凍庫取出，不需要退冰，預熱後即可直接烘烤❺。

6. 鬆餅機上下烤盤各塗上奶油，把麵糰放到鬆餅機中❻，蓋上蓋子（因為麵糰比較硬，無法蓋密合是正常的）。蓋上蓋，設定5-6分鐘，至麵包邊邊感覺有彈性即完成❼。

Tips

· 若使用的是攪拌器，建議做兩倍的份量會比較好打。投入麵糰材料後，先以慢速打3分鐘，再調中速打4-6分鐘（每台機器皆不同，重點是要打出薄膜），之後放到室溫28℃的地方發酵60分鐘。

· 冷凍麵糰建議在3天內要烤完。

滿福堡

速食連鎖的滿福堡是早餐的熱門品項，這款用鬆餅機做出來的滿
福堡口感會更 Q 一點，賣相完全不輸市售的。

烤盤	銅鑼燒
計時	4-5 分鐘
片數	9 個

材料

高筋麵粉	200g	速發酵母	2g
冰水	130g	鹽	2g
細砂糖	15g	橄欖油	10g

前一天

1. 所有材料放入麵包機，啟動【快速麵糰】模式（已經包含揉麵＋一次發酵60分鐘），其他麵包機，則使用【麵包麵糰】模式。

2. 取出麵糰，分割成9等份，排氣滾圓❶，休息10分鐘。

3. 用擀麵棍將麵糰擀平❷，之後放到烘焙紙上，休息10分鐘。

4. 將麵糰如圖所示地疊起來❸，然後放入塑膠袋裡面，直接放入冷凍庫。

當天

5. 隔天早上，鬆餅機預熱，將麵糰取出來放置於室溫回軟❹。

6. 預熱好之後，直接將麵糰放到鬆餅機上❺，不需要等到麵糰全解凍，蓋上蓋子約4-5分鐘，麵糰上色後即完成❻。

7. 可以準備喜歡的夾餡，我就會利用烤麵糰的時間以平底鍋煎蛋及火腿，等麵包好了，夾起來吃就很美味。

Tips
- 如果是使用攪拌器，建議做兩倍的份量會比較好攪打。設定方式是投入所有麵糰材料，先慢速打3分鐘，然後中速4-6分鐘（每台機器皆不同 重點要打出薄膜），之後放到室溫28℃的地方發酵60分鐘。
- 冷凍麵糰建議三天內要烤完。

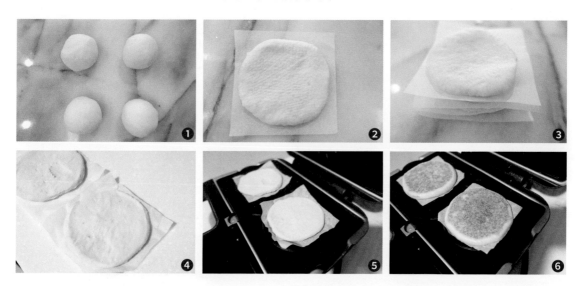

Panini· 帕里尼

BLT帕里尼

相較於外面貴鬆鬆的早午餐，可以使用自製的麵包或吐司，簡單搞定美味的帕里尼。酥香的麵包，清爽的口感，即使不加美乃滋，一點也不乾澀。

烤盤	帕里尼
計時	3-4 分鐘
片數	4 份

材料

雞蛋	4顆	牛番茄	1顆
吐司	8片	培根	2片
西生菜	適量		

作法

1. 雞蛋先打入平底鍋煎至9分熟或全熟（如果蛋黃太生過於流動，壓帕里尼的時候，蛋黃容易破掉外流，若不小心溢出到導熱管上，清洗會變得很麻煩）。培根煎熟備用。

2. 鬆餅機預熱後，放上吐司❶，生菜先用手擠壓一下再放到麵包上❷，這樣菜葉會比較平整，上方材料較好放置。

3. 放上培根、番茄❸、雞蛋❹，再放上麵包❺，蓋上蓋子，熱壓3-4分鐘即完成。

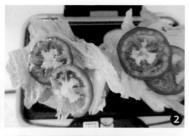

鴻禧菇起司帕里尼

鴻禧菇炒過後的味道很濃郁，與起司味道非常搭配，加上九層塔和紅醬的香氣，又是一頓豐盛的早餐。全蔬食的帕里尼也能很有飽足感，更方便的是只要在前一天準備好菇類，隔天就可以輕鬆快速地製作早餐。

烤盤	多用途吐司
計時	3-4 分鐘
片數	4 人份

材料

吐司	8 片
番茄紅醬（市售）	適量
莫札瑞拉起司	適量
九層塔	適量

餡料

鴻禧菇	1 包
洋蔥絲	1/4 顆
黑胡椒粉	適量
鹽	適量

前一天

1. 鴻禧菇去除底部後，剝成小塊，洋蔥切絲。

2. 平底鍋加熱，放入鴻禧菇翻炒到稍微出水，再倒入洋蔥一起翻炒❶。

3. 加入黑胡椒粉與鹽調味，盛裝至保鮮盒裡待放涼之後，放入冰箱保存。

當天

4. 預熱好鬆餅機，吐司上塗抹適量紅醬❷，放到烤盤上。

5. 鋪上一層鴻禧菇餡料，放上適量起司與九層塔❸，再放上一片塗好紅醬的吐司。

6. 蓋上蓋子，熱壓3-4分鐘即完成❹。

Tips
紅醬為罐裝番茄糊，可在超市購得，也可以用番茄醬代替，如果沒有，也可以省略。

Panini · 帕里尼

日式烤肉
帕里尼

此款不但可以當成早餐，也很適合做為早午餐，份量十足。
牛肉只要在前一天簡單醃漬，隔天稍微翻炒就能快速完成烤
肉帕里尼，特別推薦給喜歡吃肉的朋友。

材料

吐司（或自製佛卡夏）...	8片
生菜........................	適量
番茄片......................	4片
莫札瑞拉起司	適量

餡料

火鍋牛肉片.............	200g
鹽麴........................	適量
日式醬油	適量

烤盤	多用途吐司
計時	3-4 分鐘
片數	4 人份

前一天

1. 將火鍋肉片與適量鹽麴抓醃❶，之後放入冰箱冷藏備用。

2. 生菜洗好，番茄片切好，裝在保鮮盒內放入冰箱冷藏備用。

當天

3. 平底鍋加熱，快速下牛肉片翻炒到熟，用適量日式醬油嗆一下就可以起鍋❷，再以剪刀剪成小塊❸。

4. 鬆餅機預熱完成，放上一片吐司，擺上適量的肉和起司❹，再疊上番茄及生菜，再放一片吐司❺。

5. 蓋上蓋子，熱壓3-4分鐘即完成❻。

Tips

· 炒牛肉片的口味不妨調重一點，與其他食材搭配起來會比較好吃。

· 若使用自己做的佛卡夏，厚度約為4cm，切成適當的大小，再從中間剖開之後❼，放入鬆餅機中。

酪梨蛋帕里尼

這道帕里尼的靈魂就是美味簡單的酪梨抹醬，放上水煮蛋、番茄、酪梨。只需少許的鹽調味，蔬菜的自然香氣及酸甜都有了，吃得飽足又健康。

材料

吐司.........................8片
酪梨片..................約24片
番茄片....................適量
水煮蛋切片.............4顆蛋

酪梨抹醬

台灣酪梨................1/2顆
橄欖油..................10-15g
鹽..........................適量
檸檬汁.....................少許

烤盤	多用途吐司
計時	3-4 分鐘
片數	4 人份

作法

1. 將酪梨抹醬的所有材料放入攪拌器中❶，攪拌到質地細緻即可❷。

2. 鬆餅機預熱後，吐司上塗抹適量酪梨醬❸，放到烤盤上。

3. 水煮蛋切片❹，鋪上一層雞蛋片❺，然後放上酪梨片及番茄片❻，再放上一片塗有酪梨抹醬的吐司。

4. 蓋上蓋子，熱壓3-4分鐘即完成❼。

Tips

· 若想前一天先製作酪梨抹醬，可在製作完成之後，以真空保鮮盒保存，避免氧化。

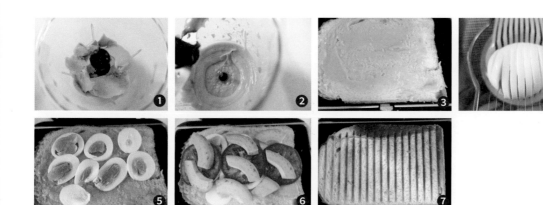

Panini · 帕里尼

法式甜吐司

沾滿蛋液的厚吐司，直接用鬆餅機加熱，搭配上香甜的草莓果醬與香濃的奶油，既是早餐，也很適合做為下午茶。

材料

蛋液	雞蛋1顆+鮮奶60g+細砂糖10g
厚片吐司	2片
有鹽奶油	適量
果醬	適量

烤盤	多用途吐司
計時	3-4 分鐘
片數	2 人份

作法

1. 將蛋液的所有材料全部放入攪拌盆中，以打蛋器攪拌均勻。

2. 鬆餅機先預熱，吐司雙面沾取適量的蛋液❶。

3. 鬆餅機預熱完成，將吐司放進去 ，熱壓3-4分鐘❷❸。

4. 在烤好的吐司上放上一小塊奶油，然後淋上一點點果醬，就可以上桌了。

Tips

如果想要吃到如店家販售的布丁口感吐司，可在前一天製作好蛋液，將吐司浸泡在蛋液裡一晚，隔天早上起來再熱壓，就是軟嫩的布丁吐司了。

法式吐司帕里尼

沾上滿滿蛋液的吐司，煎過之後，會變得更柔軟。搭配準備起來方便又簡單的火腿、起司和雞蛋，絕對是飽足又營養的一餐。

材料

蛋液..............................雞蛋1顆+鮮奶60g
吐司麵包...4片
火腿...2片
起司...2片
雞蛋...2顆

烤盤	多用途吐司
計時	3-4分鐘
片數	2-3人份

作法

1. 將蛋液的所有材料全部放入攪拌盆中,以打蛋器攪拌均勻❶。

2. 鬆餅機先預熱,吐司沾取適量的蛋液❷,放到平底鍋上煎❸。

3. 然後將火腿與雞蛋一一煎熟。

4. 鬆餅機預熱完成,放上一片吐司,擺上火腿、起司和雞蛋❹,再放一層麵包❺。

5. 蓋上蓋子,熱壓3-4分鐘即完成。

Tips

也可以將步驟2的吐司直接放入鬆餅機裡,直接烤熟。

Panini · 帕里尼

巧克力香蕉核桃帕里尼

巧克力和香蕉的組合，又香又甜，堅果的味道又與巧克力的濃稠感極搭配，是孩子們喜歡的飽足早餐。

材料

吐司	8片
香蕉	適量
核桃碎	適量
巧克力榛果醬	適量

烤盤	多用途吐司
計時	3-4分鐘
片數	4人份

作法

1. 預熱鬆餅機，此時可以先將還沒烘烤過的核桃碎放在裡面，一邊預熱，一邊烘烤❶。

2. 在吐司上塗抹適量的巧克力榛果醬❷。

3. 鬆餅機預熱完成，取出烤好的核桃碎，放上一片2的吐司，擺上適量的香蕉片與核桃碎❸，再放一片吐司❹。

4. 蓋上蓋子，熱壓3-4分鐘即完成。

Tips
· 堅果可依個人喜好更換。
· 如果堅果是已經烘焙過的，就不需要先放到鬆餅機裡面加熱。

泡菜牛肉冬粉
熱壓三明治

天氣一熱，胃口就不太好，這時候最適合來點酸辣爽口的韓式泡菜。粉絲吸飽了韓式泡菜與牛肉的味道，既開胃又飽足，還不用擔心熱量超標，讓人吃得巧又飽。

烤盤	方形吐司
計時	3-4 分鐘
片數	4 人份

材料

吐司.......... 8片

餡料

火鍋牛肉片.....250g	泡菜..............適量
醬油..........1/2大匙	（視狀況剪小塊）
香油..........1/2大匙	開水..............250g
粉絲................2把	青蔥末............適量

1. 把冬粉放入60℃的溫水中浸泡3分鐘
   ❶，取出後剪成小段瀝乾備用❷。

2. 將火鍋肉片剪小塊，放入小碗中與醬
   油和香油一起拌勻，醃約30分鐘。

3. 平底鍋熱了之後，放適量的油，將牛
   肉炒到約9分熟❸，撈起備用。

4. 將泡菜略炒出香味，倒入開水煮約3
   分鐘❹，煮出泡菜的香氣與風味。

5. 放入瀝乾水分的冬粉❺，煮到變透明
   就可以放入牛肉❻，青蔥末再拌炒一
   下就完成了❼。

6. 冷卻之後可以先放入保鮮盒冷藏，隔
   天備用。

當天

7. 鬆餅機預熱完後，上下烤盤各塗上一
   層薄薄的奶油❽。

8. 放上一片吐司❾，再放上餡料❿，留
   意餡料要往中間集中擺放，然後再放
   上一片吐司。

9. 熱壓約3-4分鐘即可。

Tips

餡料會剩下，可作為當日午餐享用。

時蔬熱壓吐司

經過週末的大吃大喝後，週一早上最適合來點清爽的料理，夾滿了甜美時蔬的熱壓吐司便是最好的選擇。

材料

吐司.............................8片

烤盤	方形吐司
計時	3-4 分鐘
片數	4 份

餡料

櫛瓜.............................1條	香草橄欖油...................適量
甜椒.............................1/2顆	（增添香氣，可省略）
洋蔥.............................1/4顆	鹽.............................適量
玉米筍.........................4根	黑胡椒粉.....................適量
橄欖油.........................適量	乳酪絲.........................適量

前一天

1. 櫛瓜滾刀切塊。甜椒與洋蔥切片。玉米筍切成3-4等份。

2. 平底鍋加熱，倒入適量橄欖油，先放入櫛瓜炒一下，再加入甜椒與洋蔥，最後放玉米筍。

3. 炒熟後再加入鹽、風味橄欖油（我用香草風味）及黑胡椒粉調味❶。

4. 這些料可在前一天準備好，因為蔬菜容易散開，建議先分裝在小杯子裡面❷，隔天就可以一份一份直接熱壓。

當天

5. 鬆餅機預熱後，放上吐司，倒入時蔬餡料，撒上多一點乳酪絲❸。蓋上蓋，設定3-4分鐘即完成❹。

Tips
剩餘的內餡，可作為當日午餐享用。

薑汁燒肉熱壓吐司

日本傳統食堂菜薑汁燒肉是道非常下飯的料理，拿來夾在吐司裡熱壓，同樣開胃且不膩口，滿滿的蛋白質，是飽足的一餐

烤盤	方形吐司
計時	3-4 分鐘
片數	4 份

材料

西生菜 ....適量
吐司 ....（約1-1.5cm厚）8片

豬肉火鍋片 250g
（我用梅花肉）
薑泥 約1小匙

調味料

醬油 1.5大匙
（醬油鹹度不同，需自行調整）
米酒 1大匙

味醂 1大匙
細砂糖 10g

前一天

1. 西生菜洗乾淨，用脫水器瀝乾。可放在保鮮盒中冷藏隔天使用。

2. 將所有調味料混合均勻，記得細砂糖要多攪拌幾下才會溶解❶。

3. 平底鍋加熱，放入火鍋肉片，因為梅花肉具有油脂，所以不另外放油。

4. 肉炒熟了再倒入所有調味料❷攪拌拌勻。最後倒入薑泥熗一下❸。完成之後可以先放入保鮮盒，涼了再放入冰箱。

當天

5. 鬆餅機預熱後，放上吐司，放上薑汁燒肉❹，鋪上生菜，再放上一片吐司❺。上蓋，3-4分鐘即完成。

Tips
西生菜要稍微壓扁，會比較好放。

Hot pressed sandwich · 熱壓吐司

蔥花蛋肉鬆熱壓吐司

經典的台式口味，是老少通殺的必吃款。肉鬆與蔥花蛋的組合，百吃不膩。

材料

油............................. 適量
西生菜........................ 適量
吐司....（約1-1.5cm厚）8片

肉鬆............................. 適量
奶油......些許（塗烤盤用）

烤盤	方形吐司
計時	3-4 分鐘
片數	4 份

蔥花蛋

雞蛋.........................3-4顆
蔥花........................... 適量
鹽............................... 適量

前一天

1. 將蔥花蛋的所有材料混合均勻，攪拌成蛋液。

2. 平底鍋加熱之後，倒入適量的油，倒入1的蛋液，約9分熟的時候，摺成蛋捲❶。切成4等份之後❷，放入保鮮盒冰起來。

3. 西生菜洗乾淨，脫水，放入保鮮盒冰起來。

當天

4. 鬆餅機預熱完成後，上下烤盤各塗上一層薄薄的奶油。

5. 放上吐司，將吐司先往下壓一下，先放一層肉鬆、一片蔥花蛋，然後放上生菜❸，再放一片吐司。上蓋，3-4分鐘即完成❹。

> Tips
> 西生菜要稍微壓扁，會比較好放。

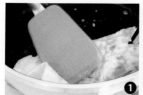

馬鈴薯培根吐司

馬鈴薯熱量不高，營養價值高，若不油炸成薯條，完全就是澱粉模範生，用來當成早餐再適合不過。

烤盤	三明治吐司
計時	3-4 分鐘
片數	4 人份

材料

吐司.......8片（約1-1.5cm厚）
馬鈴薯泥.........................適量
乳酪絲............................ 適量

馬鈴薯泥

馬鈴薯.............................200g
培根.................................兩片
奶油.................................10g
鮮奶.................................10g
鹽.....................................適量
黑胡椒..............................適量

前一天

1. 馬鈴薯洗乾淨後，切片放入滾水中煮到熟❶，再撈起備用。

2. 培根剪成小片，放入平底鍋以小火煎香❷。

3. 將煮熟的馬鈴薯放入食物處理器中，再放入奶油、鮮奶、鹽
   與黑胡椒❸，打到滑順❹。然後放入培根，簡單攪拌均勻。

4. 放涼之後裝入保鮮盒，送入冰箱冷藏隔天使用。

當天

5. 鬆餅機預熱後，放上吐司，挖入適量的馬鈴薯泥，撒上乳酪
   絲❺。上蓋3-4分鐘即完成❻。

Tips

食譜使用的是澳洲馬鈴薯，如果使用不同品種的馬鈴
薯，鮮奶量要適度調整到馬鈴薯泥呈現滑順感為準。

芋泥肉鬆熱壓吐司

芋泥肉鬆吐司真是太好吃了,溫熱滑順的芋泥,搭配上肉鬆,整個吐司吃起來既夠味又不乾柴,有甜有鹹,滿滿的幸福感。

材料

吐司..........8片（約1-1.5cm厚）
芋泥.............260g（參考P030）
肉鬆....................................適量
奶油..............些許（塗烤盤用）

烤盤	方形吐司
計時	3-4 分鐘
片數	4 份

作法

1.　鬆餅機預熱完成之後，上面塗上一層薄薄的奶油。

2.　放上吐司，將吐司先往下壓一下，放上一層肉鬆，湯匙
　　壓在肉鬆上再壓一次❶。

3.　再放上適量的芋泥❷，再放一片吐司❸。上蓋，3-4分鐘
　　即完成。

Tips

· 吐司片如果比烤盤大，可先去邊之後，再放到烤盤
　上，鬆餅機才能順利蓋起來。

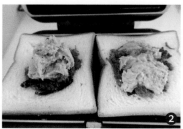
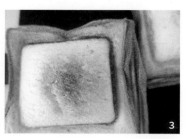

Hot pressed sandwich · 熱壓吐司

花生麻糬
熱壓吐司

吐司經過熱壓，除了外皮酥香焦脆外，也讓裡頭的麻糬融化，變得超級軟 Q。而濃郁香醇的自製花生粉，豐富了吐司的口感，令人只想狂點讚。

材料

吐司.... 8片（約1-1.5cm厚）

自製花生粉

原味去皮花生 100g
細砂糖.......................... 25g

自製麻糬

糯米粉...................... 70g
水 130g
細砂糖..................... 15g
油 .... 少許

烤盤	方形吐司
計時	3-4 分鐘
片數	4 份

前一天

1. 花生與細砂糖一起放入食物調理機中，打成花生粉❶，放入完
    全乾燥的玻璃罐放入冰箱保存。

2. 將所有的麻糬材料混合均勻❷，放到平底鍋加熱之後，待稍微
    凝固，炒到變熟❸（顏色會從白色變成米白）。

3. 保鮮盒先塗抹一層薄薄的油，再放入麻糬❹，冷了之後上蓋，
    入冰箱冷藏。

當天

4. 鬆餅機預熱後，放上吐司，鋪上一層花生粉。

5. 用沾過油的塑膠袋，取適量麻糬❺❻，撒上花生粉❼，再放上
    一層吐司。上蓋，設定3-4分鐘即完成。

Tips
麻糬用保鮮盒保
存，隔一天仍是軟
的，建議隔天要食
用完畢。

抹茶麻糬紅豆
熱壓吐司

蜜紅豆搭配濃濃抹茶的麻糬，切面十足療癒，一口咬下滿滿的紅豆甜與抹茶香，甜度適中，外酥內軟，做早餐點心都合適。

材料

吐司（約1-1.5cm厚）........ 8片
蜜紅豆.............................. 適量

自製麻糬

抹茶粉............................. 7g
糯米粉............................. 70g
水 130g
細砂糖............................. 25g
油 .... 少許

烤盤	方形吐司
計時	3-4 分鐘
片數	4 份

前一天

1. 將所有麻糬的材料混合均勻，平底鍋加熱之後❶放入材料，稍微凝固之後炒到熟❷。

2. 保鮮盒內裡先塗一層薄薄的油，再放入麻糬，冷卻之後上蓋，入冰箱冷藏。

當天

3. 鬆餅機預熱之後，放上吐司，先放一層蜜紅豆和適量麻糬❸，再放上蜜紅豆。上蓋，3-4分鐘即完成。

Tips
・麻糬用保鮮盒保存，隔一天仍是軟的，建議隔天要食用完畢。
・拿取麻糬時，建議用沾過少許食用油的塑膠袋，才不會沾黏。

經典銅鑼燒

以銅鑼燒烤盤煎出來的銅鑼燒，顏色非常均勻漂亮，形狀也很美。如果嘗試過用平底鍋煎鬆餅的人，就會知道運用烤盤煎出來的就是特別美。

材料

雞蛋..........2顆（約100g）
細砂糖.........................30g
蜂蜜.............................20g
沙拉油......................... 10g
低筋麵粉....................100g
水.................................30g
無鋁泡打粉.....................3g
奶油......些許（塗烤盤用）

餡料

市售紅豆餡.................適量

烤盤	銅鑼燒
計時	2-3 分鐘
片數	8-9 片

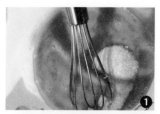

作法

1. 雞蛋打散，加入細砂糖、蜂蜜❶與沙拉油，攪拌均匀。

2. 接著加入過篩的低筋麵粉，攪拌均匀❷，再倒入水攪拌均匀，靜置至少20分鐘。

3. 鬆餅機預熱完成後，上下烤盤各抹上少量的奶油❸。

4. 將泡打粉加入麵糊裡，攪拌均匀，倒入適量的麵糊❹，蓋上蓋子之後，2-3分鐘即完成❺。

5. 再夾入適量的紅豆餡即可。

麵糊也可以前一天製作，只需要先完成步驟1-2，隔天早上起來，再加入泡打粉即可。

湯圓
鯛魚燒

之前在晨烤麵包中，曾經介紹過一款夾入市售湯圓的麵包，大受歡迎。這次則在小V中，嘗試把湯圓包入鯛魚燒裡成為爆漿鯛魚燒，滋味果然很特別，大家可以依據個人喜好選擇夾入的湯圓口味。

材料

雞蛋 50g
細砂糖 15g
鹽 1g
鮮奶 50g
水 50g

低筋麵粉 100g
無鋁泡打粉 3g
沙拉油 20g
奶油 .... 些許（塗烤盤用）

烤盤	鯛魚燒
計時	4-5 分鐘
片數	8 個

餡料

湯圓 8顆

作法

1. 取一大碗，打入雞蛋及砂糖打散後，以打蛋器拌勻，之後加入鹽、鮮奶和水，繼續攪拌均勻。

2. 接著加入過篩的低筋麵粉與泡打粉，再度攪拌均勻。

3. 接著倒入沙拉油攪拌均勻，麵糊即完成❶。建議靜置30分鐘之後，再開始煎。

4. 鬆餅機預熱完成後，上下烤盤各塗上一層薄薄的奶油❷。

5. 倒入部分麵糊（約模型1/2），均勻放入冷凍的包餡湯圓❸，再倒入少量麵糊。

6. 蓋上蓋子，設定約4-5分鐘即完成❹。

Tips
前一天做好麵糊備用，可參考P036快速早餐攻略。

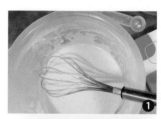

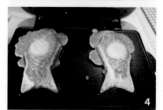

Yakikasi · 鯛魚燒

香草卡士達鯛魚燒

外酥內軟的鯛魚燒，比市售的更讓人放心。小小一口、三種不同的口味，最適合小朋友一口一個做為小點心。

烤盤	鯛魚燒
計時	4-5 分鐘
片數	8 個

材料

雞蛋 50g
細砂糖....................20g
鹽 1g
鮮奶 100g
融化奶油 20g
低筋麵粉 100g
無鋁泡打粉 3g
奶油.....些許（塗烤盤用）

餡料

卡士達醬 ....適量
（詳見P030）

現做麵糊

1. 雞蛋和砂糖放入攪拌盆中以打蛋器打散，攪拌均勻❶，之後加入鹽和鮮奶，繼續攪拌均勻。

2. 接著加入過篩的低筋麵粉與泡打粉，再度攪拌均勻。

3. 最後放入的融化奶油，攪拌均勻，麵糊即完成❷。

鯛魚燒作法

4. 鬆餅機預熱完成，上下烤盤各塗上一層薄薄的奶油❸。

5. 倒入部分麵糊（約模型的1/2）❹，均勻放入適量卡士達醬❺，再倒入少量麵糊❻。

6. 蓋上蓋子，設定約3-4分鐘，就完成了❼。

Tips

・卡士達醬要前一天做好，隔天早上才能從容優雅。
・覺得放卡士達醬不太順手的話，可裝入三明治袋或擠花袋後，剪一開口擠入。
・前一天做好麵糊備用，可參考P036快速早餐攻略。

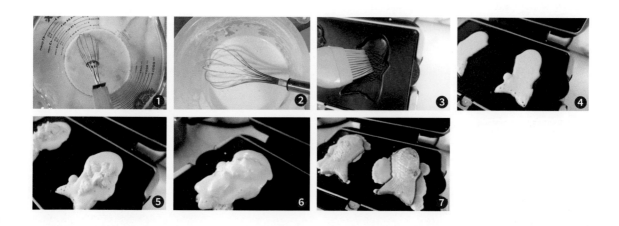

巧克力卡士達鯛魚燒

特調的巧克力卡士達醬不會過份甜膩，滑順的口感搭配酥脆的外皮，是超級犯規的迷人滋味。

烤盤	鯛魚燒
計時	3-4 分鐘
片數	8 個

材料

雞蛋 50g
細砂糖 20g
鹽 1g
鮮奶 100g
融化奶油 20g
低筋麵粉 100g
無鋁泡打粉 3g

餡料

巧克力卡士達醬 .... 適量
（詳見P031）

現做麵糊

1. 雞蛋和砂糖放入攪拌盆中以打蛋器打散，攪拌均勻，之後加入鹽和鮮奶，繼續攪拌均勻。

2. 接著加入過篩的低筋麵粉與泡打粉，再度攪拌均勻。

3. 最後放入的融化奶油，攪拌均勻，麵糊即完成。

鯛魚燒作法

4. 鬆餅機預熱完成，上下烤盤各塗上一層薄薄的奶油。

5. 倒入部分麵糊（約模型的1/2），均勻放入適量巧克力卡士達醬❶，再倒入少量麵糊❷。

6. 蓋上蓋子，設定約3-4分鐘，就完成了。

─ Tips ─

· 卡士達醬要前一天做好，隔天早上才能從容優雅。
· 覺得放卡士達醬不太順手的話，可裝入三明治袋或擠花袋後，剪一開口擠入。
· 前一天做好麵糊備用，可參考P036快速早餐攻略。

金莎巧克力
鯛魚燒

金莎巧克力是孩子心中的夢幻甜點，小小一顆就有多重的口感與風味，拿來放在鯛魚燒內，無需另外做內餡，簡單方便又美味。

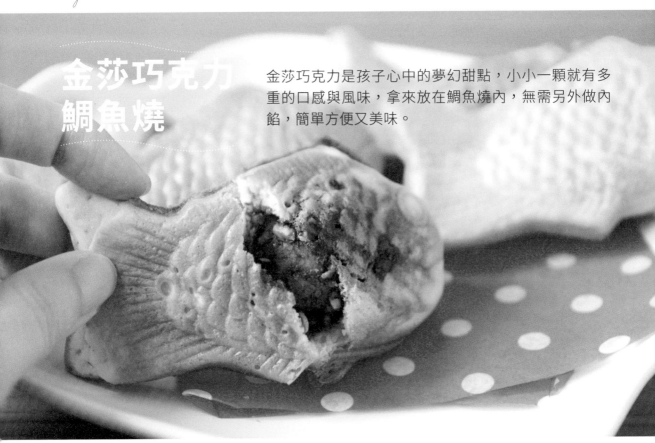

烤盤	鯛魚燒
計時	3-4 分鐘
份數	8 個

材料

雞蛋	50g
細砂糖	20g
鹽	1g
鮮奶	100g
融化奶油	20g
低筋麵粉	100g
無鋁泡打粉	3g

餡料

金沙巧克力	8顆

現做麵糊

1. 雞蛋和砂糖放入攪拌盆中以打蛋器打散，攪拌均勻，之後加入鹽和鮮奶，繼續攪拌均勻。

2. 加入過篩的低筋麵粉與泡打粉，再度攪拌均勻。

3. 最後放入的融化奶油，攪拌均勻，麵糊即完成。

Tips
烘烤之後，金沙巧克力外層會融化，是正常現象。

鯛魚燒作法

4. 鬆餅機預熱完成，上下烤盤各塗上一層薄薄的奶油。

5. 倒入部分麵糊（約模型的1/2），放入一顆金沙巧克力❶，再倒入少量麵糊。

6. 蓋上蓋子，設定約3-4分鐘，就完成了❷。

Tips
· 烘烤之後，金沙巧克力外層會融化，是正常現象。
· 前一天做好麵糊備用，可參考P036快速早餐攻略。

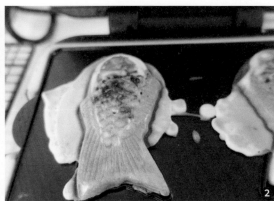

Cooked rice · 米飯

韓式海苔飯糰

烤好的飯糰表面具有鍋巴般的口感，帶點焦香味，口感脆脆的。搭配韓式海苔酥獨有的麻油香氣，無論大小孩都非常喜歡。

材料

烤盤	杯子蛋糕
計時	3-4分鐘
片數	2-3人份

白飯......3碗（約1.5杯米）
韓式海苔酥..................適量
香油.........................1小匙
鹽...........................適量
熟白芝麻....................適量

作法

1. 拿一個不沾黏鍋（例如飯鍋），放入除熟白芝麻外的所有材料❶，混合均勻❷。

2. 鬆餅機預熱。

3. 拿一個乾淨的塑膠袋塗上適量的油，隔著塑膠袋抓取25-30g不等的米飯，捏成糰❸。

4. 鬆餅機預熱完之後，於烤盤上下兩面各塗抹適量的油。放入**3**的飯糰❹，蓋上蓋子，設定約3-4分鐘❺。

5. 取出後，撒上適量的熟白芝麻即完成。

Tips
· 我習慣前一天先設定好電子鍋煮飯，隔天直接用熱飯製作飯糰。
· 韓式海苔酥可在超市或大賣場購得。

Cooked rice · 米飯

和風培根
玉米飯糰

鹹口的培根與甜口的玉米非常搭配,加上適量的日式鰹魚醬油,吃起來風味層次更飽滿。

烤盤	杯子蛋糕
計時	3-4 分鐘
片數	2-3 人份

內餡

白飯.....3碗(約1.5杯米)
培根切小片 3片
玉米粒.................... 適量
鰹魚醬油 .... 適量
鹽 .... 適量

醬汁

鰹魚醬油 1小匙
味醂 1小匙
(兩者攪拌均勻)

作法

1. 將醬汁的兩項材料混合在一起，攪拌均勻備用。在平底鍋中放入培根片與玉米粒炒熟❶，加入適量的鹽調味。

2. 拿一個不沾黏鍋（例如飯鍋），將米飯、培根玉米及鰹魚醬油❷放入盆裡攪拌均勻❸。

3. 鬆餅機預熱。

4. 拿一個乾淨的塑膠袋塗上適量的油，隔著塑膠袋抓取25-30g不等的米飯，捏成糰❹。

5. 鬆餅機預熱完後，塗抹上適量的油❺，放入飯糰❻，蓋上蓋子，設定約3-4分鐘❼。

6. 表面塗抹上適量的醬汁❽，再上蓋，加熱1分鐘即可。

Tips

· 我習慣前一天先設定好電子鍋煮飯，隔天直接用熱飯製作飯糰。

· 如果來不及，步驟6可以省略。

· 使用一般鋼盆攪拌，使用前先塗抹上一層薄薄的油❾，米飯就不易沾黏。

香煎蔥花甜甜圈飯糰

蛋香味十足,加上蔥花和白胡椒,吃起來表面脆脆香香的,帶點台式炒飯的風味。如果家裡還有很多剩飯不知道該怎麼辦時,不妨試試看這款好吃的飯糰喔!

材料

白飯.........300g（約1碗）		鹽...............................適量	
雞蛋.............................1顆		白胡椒粉......................適量	
蔥花............................適量		油...............................適量	

烤盤	甜甜圈
計時	3-4 分鐘
片數	2 人份

作法

1. 將所有材料放入大碗裡面❶，攪拌均勻❷。

2. 鬆餅機預熱完成之後，上下烤盤各塗上適量的油❸，取25g的**1**放入每一個甜甜圈模中❹。

3. 蓋上蓋子，約3-4分鐘，即完成❺。

Tips
調味可以依照個人喜好變化。

Cooked rice · 米飯

洋蔥牛肉米漢堡

酥香的鰹魚醬油口味烤飯糰,咬下去是清甜的洋蔥絲與充滿肉汁的牛肉片,滿足了味蕾的同時也暖了胃。

材料

米飯..........................510g
鰹魚醬油....................適量
生菜..........................適量

餡料

牛肉火鍋肉片 300g
鰹魚醬油 ....適量
洋蔥絲....................1/2顆

烤盤	銅鑼燒
計時	3-4分鐘
片數	6片（3人份）

作法

1. 平底鍋加熱，放入火鍋肉片，然後放入洋蔥炒熟❶，再以鰹魚醬油調味❷，取出備用。

2. 塑膠袋沾上適量的油，抓取85g的白飯，捏成糰❸，要稍微捏的紮實一點。

3. 鬆餅機預熱完成之後，兩面各塗抹上適量的油❹，之後放入**2**的飯糰❺。

4. 蓋上蓋子，加熱約3-4分鐘，在表面再刷上鰹魚醬油，再度蓋上蓋子幾秒鐘，就可將米飯取出❻。

5. 在壓好的米飯中夾入生菜及牛肉，就完成囉！

Tips

· 壓飯糰的時候，不要將飯糰放在模具圓圈中央，盡可能將飯糰往機器中間放❺，這樣熱壓之後，米飯比較能在正中央。

· 熱壓好的飯糰，取出的時候建議用矽膠鍋鏟或刮刀輔助，形狀會比較完整。

鬆餅三明治

有時不想調配鬆餅粉時,直接買市售的鬆餅粉會方便
很多。大多只需加入鮮奶與雞蛋就可以完成。

材料

市售鬆餅粉......1包（約200g）
雞蛋.. 1顆（依購買包裝建議）
鮮奶.200g（依購買包裝建議）

餡料

培根................4片
雞蛋................3顆
生菜..............適量
鹽.................適量
胡椒粉...........適量

烤盤	格子鬆餅
計時	3-4 分鐘
片數	5-6 片

作法

1. 雞蛋打散在攪拌盆中，加入鮮奶，以打蛋器全部攪拌均勻❶。

2. 加入市售的鬆餅粉❷，攪拌均勻❸。

3. 鬆餅機預熱完成，兩面各塗上奶油後，倒入適量麵糊❹。

4. 蓋上蓋子，3-4分鐘完成❺。

5. 取一片烤好的鬆餅❻，鋪上煎好的培根及雞蛋❼，撒上適量的鹽與胡椒粉，放上一些生菜❽，最後再蓋上一片鬆餅。

6. 把5用烘焙紙包起來，左右旋轉的方式固定好❾，用麵包刀對切即完成❿。

Tips

· 不需要醬汁，只需以鹽和胡椒粉調味，吃起來清爽又可口。

· 也可以使用自己調製的鬆餅來製作三明治。
調製鬆餅粉時，請大家詳閱鬆餅粉包裝，每家廠牌的比例都不一樣（本範例使用九州鬆餅粉）。

8分鐘
午茶派對

tea time!

豐盛下午茶
準備攻略

孩子的同學來家裡開 party、一年一度的園遊會點心販售，或者難得的姊妹淘下午茶聚會，都是一下子需要準備大量小點心的時候。明明知道一次下來會有多累，但憑著一股衝動做出大量自己喜歡的點心，完成之後，不免也對自己很佩服。覺得自己很貪心，雖然很累，卻又享受著計畫與製作過程。

現在我們要將這個重責大任交給小 V，但只有一台小 V，該怎麼準備呢？

以下我已考量好成品可以存放的時間以及製作的程序，建議在 party 前 3 天，可以開始依序完成以下作品：

時間	品項	作法
前3天	水果塔 P166	塔皮麵糰先製作好，放入冷凍。可在Party前一天烘烤塔皮與製作內餡，之後冷藏保存。
	檸檬塔 一口蛋塔 一口生巧克力塔 P160/162/164	塔皮麵糰先製作好，放冷凍。可以在Party前一天烘烤塔皮與製作內餡，之後冷藏保存。
	一口鬆餅 P152	可先將麵糰製作好，Party前隨時都可以烘烤。
前2天	炭焙烏龍瑪德蓮 伯爵茶瑪德蓮 P140/p142	先製作麵糊（先不放泡打粉），隔天加了泡打粉之後，再烘烤。
	費南雪 P130	製作好之後，常溫保存。
前1天	鯛魚燒 P108～114	前一天麵糊製作〔泡打粉除外的麵糊材料混合均勻），Party當天再烘烤。
	蕾絲餅 P154/p156	製作好之後，常溫保存3天（一定要密封好，不然會因受潮而不酥脆）。
	甜甜圈 杯子蛋糕 P144～P148/P132～P136	製作好之後，除了檸檬糖霜甜甜圈需冷藏之外，其他都可常溫保存3天。
當天	古早味雞蛋糕 P138	麵糊當天現做現烤。

Cake · 蛋糕

蜂蜜
費南雪

這道甜點吃起來不容易掉屑，寓意又好，很適合天天穿西裝套裝的金融人士。形狀有如「金磚」，也很適合送禮哦！

材料

奶油.........................80g
蛋白..80g（約2顆雞蛋的蛋白）
細砂糖......................40g

蜂蜜.........................15g
低筋麵粉..................32g
杏仁粉.....................40g

烤盤	費南雪
計時	3-4分鐘
片數	8個

作法

1. 把80g奶油放入小鍋裡，開小火煮到冒泡❶，漸漸地奶油會變成咖啡色，並且會出現一些渣渣，會有一股堅果香氣。

2. 濾掉1的渣，將奶油放入另一個容器中，放涼備用。

3. 取一打蛋盆放入蛋白、細砂糖與蜂蜜以打蛋器打散。然後將打蛋盆稍微隔水加熱，只要細砂糖融化即可離鍋。

4. 接著加入過篩的低筋麵粉及杏仁粉，攪拌均勻❷。

5. 再加入2（已經接近常溫的奶油），攪拌均勻就可以。

6. 鬆餅機預熱完成後，放入適量的麵糊。上蓋烘烤，設定3-4分鐘即完成。

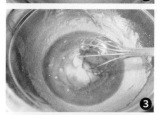

Tips
- 麵糊份量一定要裝得像圖❹那樣的程度，烤起來形狀才會漂亮。
- 剛出爐的時候吃，外表會酥酥的，放涼後吃，就會變得濕潤柔軟。
- 剩下的蛋黃可以拿來做鳳梨酥、卡士達醬或是放到麵糊裡面攪拌。
- 費南雪的模具，相對沒那麼好找，選擇也不多，烘烤起來的色澤也不見得漂亮。使用小V的費南雪烤盤，烤起來既輕鬆又好看喔！

Cake · 蛋糕

迷你原味
杯子蛋糕

超迷你的杯子蛋糕，淡淡的蛋香氣，讓人一口一個，完全停不下來。也可以擠上些鮮奶油，撒上些果乾，變化出更多的口味。

材料

奶油 50g
糖粉 40g
雞蛋 .... 50g（1顆）

低筋麵粉 60g
泡打粉 2g

烤盤	杯子蛋糕
計時	3-4 分鐘
片數	約 16 個

作法

1. 若家中有食物處理器，可以把所有材料都放到食物處理器中，啟動約30-40秒，將所有材料混合均勻❶。

2. 將打好的麵糊裝入擠花袋中❷。

3. 鬆餅機預熱完成，把擠花袋剪個洞，擠上適量麵糊❸，約8分滿，蓋上蓋子，設定3-4分鐘即完成❹。

手打麵糊的方式

1. 奶油軟化打成羽毛狀，加入過篩的糖粉，以打蛋器打到完全均勻。
2. 雞蛋放在室溫回溫後，打散，分次加入1中，每次需攪拌至完全均勻，才繼續放入蛋液。
3. 接著倒入過篩的麵粉與泡打粉，攪拌均勻。
4. 完成的麵糊，便可以裝入擠花袋中使用了。
5. 烘烤的方式請參考食物調理器方式的步驟3。

Cake · 蛋糕

迷你巧克力
杯子蛋糕

巧克力是甜點界的經典不敗款，濃郁的可可香加上迷你小巧的份量，不膩口又美味。

材料

奶油...........................50g
糖粉...........................40g
雞蛋..............50g（1顆）

低筋麵粉...............54g
無糖可可粉...............6g
泡打粉....................2g

烤盤	杯子蛋糕
計時	3-4 分鐘
片數	約 16 個

作法

1. 若家中有食物處理器，可以把所有材料都放到食物處理器中，啟動約30-40秒，將所有材料混合均勻。

2. 將打好的麵糊裝入擠花袋中。

3. 鬆餅機預熱完成，把的擠花袋剪個洞，擠上適量麵糊❶，約8分滿，蓋上蓋子，設定3-4分鐘即完成❷。

Tips

手打麵糊的方式可參考原味杯子蛋糕，在步驟3中多加入可可粉即可。

Cake · 蛋糕

迷你乳酪杯子蛋糕

乳酪加入蛋糕中,讓甜點的層次豐富起來,甜蜜中多了點鹹香的滋味,非常好入口。

材料

奶油......................40g
糖粉......................45g
奶油乳酪...............20g

雞蛋.........50g(1顆)
低筋麵粉...............60g
泡打粉....................2g

烤盤	杯子蛋糕
計時	3-4 分鐘
片數	約 16 個

作法

1. 所有材料放到食物處理器中,啟動約30-40秒,材料皆混合均勻即可。

2. 將打好的麵糊放到擠花袋裡。

3. 鬆餅機預熱完成後,擠花袋剪個洞,擠上適量麵糊,約8分滿,蓋上蓋子,計時3-4分鐘即完成(步驟圖可參考原味杯子蛋糕)。

Tips

手做麵糊可參考原味杯子蛋糕,在步驟1後加入加入軟化的奶油乳酪攪拌均勻,其他步驟皆一樣。

Cake・蛋糕

迷你香蕉核桃杯子蛋糕

香蕉是台灣的特產之一，成熟時的香氣濃郁，很適合拿來做甜點。雖然外觀不如傳統西式甜點那樣漂亮，感覺比較樸實，但清爽不油膩，香甜的口味深受大人小孩喜愛。

材料

熟香蕉泥 100g	低筋麵粉 45g
雞蛋 25g	無鋁泡打粉 2g
細砂糖 30g	核桃碎 .... 適量
沙拉油 25g	

烤盤	杯子蛋糕
計時	3 分鐘
片數	2 盤（16 個）

作法

1. 選用熟透的香蕉❶，去皮後放在大碗中壓成泥狀❷。

2. 雞蛋與細砂糖以打蛋器打散，加入1的香蕉泥及沙拉油繼續攪拌均勻。

3. 接著倒入過篩的低筋麵粉與泡打粉，攪拌均勻。

4. 倒入核桃碎，攪拌一下，就完成麵糊了❸。

5. 將鬆餅機預熱完成後，將麵糊倒入，約模具的全滿❹，蓋上蓋，約3分鐘即完成。

Tips

· 這款蛋糕膨脹幅度不大，建議入模時，至少倒9分滿。
· 烤色不均勻也無所謂，美味度不變。

Cake · 蛋糕

古早味
雞蛋糕

沒有任何添加劑，全天然食材的傳統配方，有著濃濃蛋香的雞蛋糕，現烤的古早味，酥香可口，一定要試看看。

烤盤	瑪德蓮
計時	2.5-3 分鐘
片數	4 人份

材料

低筋麵粉 70g
奶油 ....25g（事先融化）
雞蛋 .... 100g（2顆）
細砂糖 35g

牛奶 30g
奶油 .... 少許（塗烤模用）

作法

1. 麵粉過篩備用❶，奶油加熱至融化。

2. 將雞蛋放入溫水中浸泡，至少恢復到常溫，因為全蛋中的蛋黃油脂含量高，若溫度過低，會很難打發。

3. 把雞蛋和細砂糖放入攪拌盆中❷，用電動攪拌器打到如圖將雞蛋糊拉起之後，紋路還能稍微停留❸。

4. 將攪拌器繼續啟動保持約中速，慢慢地倒入牛奶與融化的奶油，繼續攪拌均勻❹，如出現稍微消泡的狀況是正常的。

5. 預熱鬆餅機，分次加入過篩的低筋麵粉❺（分次加入，才不會結塊），用刮刀攪拌均勻❻。

6. 鬆餅機預熱完成之後，烤模上下兩面各塗上少量奶油❼，倒入比模具多一點點的麵糊❽，蓋上蓋子烤2.5-3分鐘即完成❾。

Tips

· 麵糊要現做現烤，不然會消泡，雞蛋糕會不膨鬆。

· 如果沒有瑪德蓮烤盤，改用格子鬆餅烤盤烤，同樣非常好吃。

· 麵糊刻意放多一點點，邊邊脆脆的部份，意外的好吃。

伯爵茶
瑪德蓮

我超愛帶有茶香的甜點，茶香不但能減低甜點的膩口度，還能增添不一樣的風味。這是一款大人風的甜點，簡單易做，又香又好吃。

烤盤	瑪德蓮
計時	3 分鐘
片數	約 32 個

材料

鮮奶	60g	細砂糖	60g
伯爵茶茶包	1.5個	泡打粉	2g
無鹽奶油	60g	低筋麵粉	75g
蛋	1顆		

作法

1. 將鮮奶倒入小鍋中加熱，放入1包伯爵茶包，浸泡約3-4分鐘❶，取出茶包備用。

2. 奶油倒入小碗以微波融化之後，放涼備用。

3. 蛋打散，加入細砂糖，充分攪拌均勻❷。

4. 倒入奶茶❸，再攪拌均勻。。

5. 再放入過篩的泡打粉、麵粉❹，以及半包的伯爵茶葉❺攪拌均勻。

6. 最後加入融化好的無鹽奶油❻，並攪拌均勻。

7. 靜置10-20分鐘，蛋糕會更好吃。

8. 將麵糊倒入烤模，記得約9分滿就好❼，蓋上蓋子，約3分鐘即完成❽。

Tips

烤完第一盤，請檢察烤盤內是否有多餘的油脂殘留，如果有，請擦拭乾淨❾，才不會造成下一盤烤出來的烤色不均❿。

Cake · 蛋糕

炭焙烏龍茶瑪德蓮

一般添加茶元素的西點以紅茶為主，這次則選用了台灣烏龍茶來搭配，淡淡的茶香平衡了奶油的味道，吃起來甜而不膩，配著茶一起品嘗更是完美。

烤盤	瑪德蓮
計時	3-4 分鐘
片數	約 24 個

材料

雞蛋	1顆（50g）	烏龍茶粉	3g
細砂糖	45g	融化奶油	55g
低筋麵粉	50g	泡打粉	2.5g

前一天

1. 雞蛋打散，加入細砂糖攪拌均勻❶。

2. 接著加入過篩的低筋麵粉及茶粉，一起攪拌均勻❷。

3. 倒入融化的奶油❸，攪拌均勻❹，蓋上蓋子，放入冰箱冷藏到隔天。

當天

4. 製作前，先將鬆餅機預熱，取出麵糊加入泡打粉後，攪拌均勻❺。

5. 將麵糊倒入擠花袋裡❻。

6. 鬆餅機預熱好之後，擠入適量麵糊❼❽，蓋上蓋子，設定3-4分鐘即完成❾。

Tips

・靜置的作用是讓蛋糕風味更融合，吃起來更美味。
・若無碳焙烏龍茶粉，不妨試試抹茶粉，可以做出不同風味的蛋糕。

Cake · 蛋糕

奶香甜甜圈

簡單就能做出可愛迷你的甜甜圈,最適合做為孩子的
下午茶點心,不油不膩,奶香十足。

材料

雞蛋........................ 1 顆	泡打粉..................... 2.5g
細砂糖..................... 25g	融化奶油 15g
鮮奶 25g	奶油... 些許（塗烤盤用）
低筋麵粉 60g	

烤盤	甜甜圈
計時	2-3 分鐘
片數	24 個

作法

1. 雞蛋打散，加入細砂糖，以打蛋器攪拌均勻 。

2. 接著加入鮮奶，攪拌均勻 ❷。

3. 將所有粉類（低筋麵粉及泡打粉）過篩到2中 ❸，留意每一步驟都要攪拌均勻。

4. 放入融化奶油，繼續攪拌均勻 ❹，完成麵糊。

5. 把麵糊倒入擠花袋中 ❺，鬆餅機預熱，兩面烤盤各塗上少量奶油。

6. 擠花袋剪出小洞，擠上適量麵糊 ❻，上蓋烤約2.5分鐘就完成了 ❼。

> **Tips**
> ・開蓋時，甜甜圈可能會黏在上面，這很常見，只需要輕輕地取下來就好。
> ・常溫可以放3天，請早點食用完。

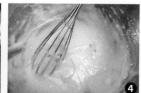

巧克力甜甜圈

小巧可愛的巧克力甜甜圈做法超簡單，少了油炸，多了健康，不油不膩，真的很好吃。

材料

雞蛋.....................1顆	泡打粉......................2.5g
細砂糖.....................25g	可可粉......................10g
鮮奶.....................25g	融化奶油...................15g
低筋麵粉...................50g	

烤盤	甜甜圈
計時	2-3 分鐘
片數	24 個

作法

1. 雞蛋打散，加入細砂糖，以打蛋器攪拌均勻❶。

2. 接著加入鮮奶，攪拌均勻❷。

3. 將所有粉類（低筋麵粉、泡打粉及可可粉）過篩到2中❸，然後加入融化的奶油繼續攪拌，留意每一步驟都要攪拌均勻，完成麵糊。

4. 把麵糊倒入擠花袋中❹，鬆餅機預熱，上下烤盤各塗上少量奶油。

5. 擠花袋剪出小洞，擠上適量麵糊❺，上蓋烤2.5分鐘就完成❻。

Tips
· 放入擠花袋中，比較容易精準控制麵糊量。
· 常溫可以保存三天，請儘早食用完。

Cake· 蛋糕

檸檬糖霜甜甜圈

這是一款可以冰冰吃的甜甜圈，微酸清爽的味道，超級適合夏天！

烤盤	甜甜圈
計時	2-3 分鐘
片數	24 個

材料

奶油.........................40g
糖粉.........................40g
雞蛋.........................50g
低筋麵粉....................50g
泡打粉..................... 1.5g
檸檬汁.......................8g

檸檬糖霜

檸檬汁......................10g
糖粉.........................50g

— 146 —

作法

1. 奶油放置室溫軟化後打成羽毛狀，加入過篩的糖粉，以打蛋器打到完全均勻❶。

2. 雞蛋放在室溫退涼之後，打散，分次放入1中，每次攪拌完全均勻之後，才再加入蛋液❷。

3. 接著加入將過篩的麵粉與泡打粉，攪拌均勻❸。

4. 然後加入檸檬汁，再度攪拌均勻。

5. 鬆餅機預熱，將蛋糕糊放入擠花袋裡面，剪出一個洞❹，擠入適量的麵糊❺，蓋上蓋子，約2-3分鐘就可以完成。

6. 檸檬糖霜材料混合均勻，裝入擠花袋中。

7. 等甜甜圈涼了之後❻，擠上適量的糖霜❼，可再刨一點檸檬皮削增添風味。

— Tips —
如果有食物處理器，則可將所有蛋糕材料放入處理器攪拌均勻，取代作法1~4。

Cake・蛋糕

抹茶紅豆半月燒

抹茶與紅豆真的非常搭，半月燒的烤色也真的好美，佐上香甜的紅豆，是超棒的下午茶。

烤盤	銅鑼燒
計時	2-3 分鐘
片數	6 片

材料

雞蛋.............50g（1顆）
細砂糖......................25g
鮮奶.........................35g
沙拉油........................5g
低筋麵粉...................50g
無鋁泡打粉.................2g

餡料

市售紅豆餡............. 150g

作法

1. 雞蛋以打蛋器打散，加入細砂糖、鮮奶與沙拉油❶，攪拌均勻。

2. 加入過篩的低筋麵粉與泡打粉攪拌均勻❷。

3. 鬆餅機預熱完成後，上下烤盤各抹上少量的奶油。

4. 倒入適量的麵糊❸，蓋上蓋子，2-3分鐘即完成❹。

5. 每個半月燒上方，放上25g搓成長條的紅豆餡❺。

6. 之後用刮刀輕輕的把半月燒拿起來，隔著烘焙紙用手對折❻，稍微涼後，形狀就固定了。

Tips
請勿過度烘烤，蓋上蓋子後切勿烤超過4分鐘，如果抹茶餅皮烤得太乾，會影響塑形。

Cookies · 餅乾

奶香、抹茶及
巧克力一口鬆餅

外酥內軟的小鬆餅，比市售的更讓人放心。小小一口、三種不同的口味，最適合小朋友一口一個做為小點心。

烤盤	方形格子鬆餅
計時	3-4 分鐘
份數	約 20 顆

奶香材料

奶油	50g
糖粉	45g
雞蛋	24g
奶粉	10g
低筋麵粉	100g
泡打粉	2g

抹茶材料

奶油	50g
糖粉	45g
雞蛋	22g
抹茶粉	5g
低筋麵粉	95g
泡打粉	2g

巧克力材料

奶油	50g
糖粉	45g
雞蛋	26g
可可粉	10g
低筋麵粉	90g
泡打粉	2g

作法

1.　奶油打軟，加入糖粉後，以打蛋器攪打到均勻❶。

2.　雞蛋打成蛋液，加入1中攪拌均勻。

3.　接著加入奶粉（抹茶粉或可可粉）、過篩的低筋麵粉與泡打粉❷。

4.　壓成麵糰之後，用保鮮膜包起來❸，塑形成長方形❹，進冰箱冷藏30分鐘。

5.　分割成數個四方形❺，每個約10g重，搓圓❻。

6.　鬆餅機預熱完成後，放入8個麵糰❼。上蓋烘烤約4分鐘❽即完成。

Tips

・當天吃口感是鬆鬆酥酥的，表面稍微脆脆的，很好吃，隔天吃會變軟，放入烤箱以160℃回烤2-3分鐘，就會恢復酥脆感。

・請放入保鮮盒保存，常溫可放3天。

 *Cookies*・餅乾

原味蕾絲餅

酥脆好吃,可以單吃,也可以塑形成冰淇淋杯來使用。
這是小 V 非常經典的點心,一定要試看看。

材料

奶油.............................40g
糖粉.............................35g
蛋白.............................40g

低筋麵粉.......................52g
奶粉..............................3g

烤盤	法式蕾絲
計時	3-4 分鐘
份數	4-5 片

作法

1. 發酵奶油放置在室溫待軟化,與過篩後的糖粉一起放入盆中攪拌均勻❶。

2. 分次加入蛋白,攪拌均勻❷,至麵糊有點流動感❸。

3. 加入過篩的麵粉及奶粉❹。

4. 鬆餅機預熱完成,用冰淇淋勺挖出❺一個約35g的麵糊,放在模型中央❻。

5. 蓋上蓋子,設定3-4分鐘即完成。

Tips

· 若想要做成冰淇淋捲筒,可在烤完之後,趁熱用棉手套拿起餅乾,用手折彎成捲筒狀❼。

· 剩下的蛋黃可拿來製作卡士達醬或鳳梨酥,以免浪費。

抹茶蕾絲餅

香脆的蕾絲餅也很適合製作成抹茶口味，薄薄脆脆的，一片接著一片，讓人完全停不下來。

材料

奶油..............................40g
糖粉..............................35g
蛋白..............................40g
低筋麵粉......................50g
抹茶粉..........................4g

烤盤	法式蕾絲
計時	3-4分鐘
份數	約4-5片

作法

1. 將所有材料放入食物處理器中❶，攪拌均勻❷，完成麵糊。

2. 用冰淇淋勺挖出約35g的麵糊❸，放入在模型的中央❹。

3. 蓋上蓋，設定3-4分鐘完成❺。

Tips

· 如果想要做成冰淇淋杯子，可在烤完之後，用棉手套拿起餅乾，用手折彎。

· 剩下的蛋黃可用來做卡士達醬或鳳梨酥。

Cookies · 餅乾

香脆吐司條

市售的吐司有大有小，在製作熱壓吐司時，如果太大片，建議去邊後才放進烤盤上。而剩下的吐司邊，則可在我們的簡單料理後，變身為超受歡迎的團購零嘴。

材料

吐司邊..................... 適量
融化奶油 .... 適量
細砂糖..................... 適量

烤盤	法式蕾絲
計時	3-4 分鐘
份數	隨意

作法

1. 將奶油融化後，塗抹適量在吐司邊上❶，之後沾上適量的細砂糖❷。

2. 鬆餅機預熱好後，將吐司邊放到上面❸，上蓋，3-4分鐘，吐司酥脆後即完成❹。

Tips
細砂糖沾太少，絕對會後悔喔！

Tart & Pie · 塔 & 派

法式檸檬塔

塔皮香濃酥脆，有著天然的清香檸檬奶油餡，吃起來酸酸甜甜，風味迷人。

烤盤	迷你塔皮
計時	3-4 分鐘
片數	16 個迷你塔

塔皮材料

無鹽奶油	55g
糖粉	35g
低筋麵粉	100g
奶粉	4g
鹽	1g
全蛋	10g
鮮奶	15g

法式檸檬醬

檸檬汁	50g
雞蛋	50g（約1顆）
細砂糖	40g
奶油	60g

（切小塊放在室溫軟化）

裝飾

檸檬皮屑	少許

塔皮作法

1. 奶油放入攪拌盆中打軟，再加入糖粉，以打蛋器打到均勻❶。

2. 全蛋打散倒入鮮奶攪拌均勻，分次加入 1 中，攪拌均勻❷。

3. 然後加入奶粉、過篩的低筋麵粉❸，壓成麵糰之後，放進冰箱冷藏30分鐘❹❺。

4. 將麵糰分割成11-12g一個，搓圓（第一次做的朋友，建議用12g比較容易滿模）。

5. 鬆餅機預熱完成後，放入麵糰❻，將上蓋壓到底，約2-3分鐘即完成❼，視情況修剪塔皮❽。 完成後再來做法式檸檬醬。

法式檸檬醬作法

6. 檸檬汁、雞蛋與細砂糖放入鍋中，一起攪拌均勻❾。

7. 一邊攪拌，一邊隔水加熱到稍呈凝固狀，就離火❿。

8. 分2-3次，加入奶油攪拌均勻⓫。

9. 趁熱到入塔模內，左右搖晃到平整均勻。

10. 涼了之後，放入冰箱冷藏約1小時，撒上檸檬皮屑做裝飾並增加香氣，就完成了。

Tips

若檸檬醬不慎煮到結塊，請以篩網過篩即可。

一口台式蛋塔

每一種蛋塔各自有其擁戴者，台式蛋塔中間嫩嫩甜甜像布丁，塔皮香而厚實，是傳統麵包店中最令人懷念的甜蜜滋味。

烤盤	迷你塔皮
計時	3-4 分鐘
片數	約 16 個

塔皮材料

無鹽奶油	55g
糖粉	35g
低筋麵粉	100g
奶粉	4g
鹽	1g
雞蛋	10g
鮮奶	15g

奶蛋液

鮮奶	100g
細砂糖	18g
雞蛋	50g（約1顆）

作法

1. 奶油放入攪拌盆中打軟，再加入糖粉，以打蛋器打到均勻❶。

2. 雞蛋打散倒入鮮奶攪拌均勻，分次加入1中，攪拌均勻❷。

3. 然後加入奶粉、過篩的低筋麵粉，壓成麵糰之後，放進冰箱冷藏30分鐘。

4. 將麵糰分割成11-12g一個，搓圓（第一次做的朋友，建議用12g比較容易滿模）❸。

5. 鬆餅機預熱完成後，放入麵糰❹，將上蓋壓到底，約2-3分鐘即完成❺。

6. 待5放涼之後，將邊緣多餘的部分修剪好。

7. 將所有奶蛋液材料混合均勻❻，過篩之後❼，蛋液變得更細滑❽。

8. 將適量奶蛋液倒入塔皮裡面❾，放入烤箱以170℃烘烤10-11分鐘，至蛋液凝固即可。

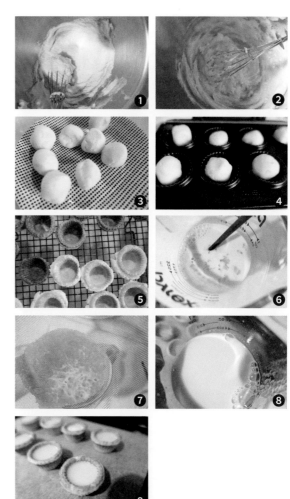

Tips

由於塔皮還要再進烤箱一次，建議鬆餅機設定的烘烤時間比生巧克力塔短一些，如❺的淺色狀態會比較適合。

一口生巧克力塔

不甜不膩，口感微軟的生巧克力，是不少 OL 的最愛。使用生巧克力做為內餡的迷你塔，絕對是宴客中最迷人的甜點。

烤盤	迷你塔皮
計時	3-4 分鐘
片數	約 16 個

材料

無鹽奶油 55g
糖粉 35g
低筋麵粉 100g
奶粉 4g
鹽 1g
雞蛋 10g
鮮奶 15g

生巧克力

動物性鮮奶油 100g
苦甜巧克力 100g

作法

1. 奶油放入攪拌盆中打軟，再加入糖粉，以打蛋器打到均勻。

2. 全蛋打散後，倒入鮮奶攪拌均勻，分次加入1中，攪拌均勻。

3. 接著加入奶粉、過篩的低筋麵粉，壓成麵糰之後，放進冰箱冷藏30分鐘。

4. 將麵糰分割成11-12g一個，搓圓（第一次做的朋友，建議用12g比較容易滿模）

5. 鬆餅機預熱完成後，放入麵糰，將上蓋壓到底，約2-3分鐘即完成。

6. 將巧克力與鮮奶油放入碗中隔水加熱❶，攪拌均勻❷。

7. 等塔皮涼了，趁6還溫熱時，於塔皮中倒入適量生巧克力❸。

8. 若倒入時，巧克力不太平整，可以左右搖晃一下❹，讓表面平順些。

9. 等巧克力凝固之後，即完成。

> *Tips*
> 生巧克力加熱時，只需要加熱到巧克力融化即可，溫度太高的話，會造成油水分離。
> ·步驟1-5的圖可參考法式檸檬塔。（P157）

水果塔

精緻小巧的水果塔，是學做甜點的人都很想學會的夢幻品項，但總給人很難的感覺，沒想到用小 V 能如此簡單地做出來，只要選擇當季的時令水果，配自製的卡士達醬，一個個小巧又清爽可口的 mini 水果塔就完成了。

烤盤	塔皮
計時	3-4 分鐘
份數	8 個

材料

奶油.........................75g
糖粉.........................70g
雞蛋.........................36g
低筋麵粉...............150g
奶粉.........................15g

餡料

卡士達醬........適量（請參考P028）
草莓...適量
藍莓...適量

作法

1. 奶油軟化之後，用打蛋器稍微打一下，加入過篩的糖粉攪拌均勻❶。

2. 接著中加入雞蛋，繼續攪拌均勻。

3. 再加入過篩的麵粉與奶粉，攪拌均勻❷❸。之後放入冰箱冷藏20分鐘，完成麵糰。

4. 將麵糰分成8等份，每個約40g，稍微整成圓形之後壓扁❹。

5. 鬆餅機預熱完成後，放入鬆餅機中❺，上蓋，約4分鐘左右❻。

6. 冷卻之後，裝入適量的卡士達醬，再放上水果裝飾即完成。

> Tips
>
> 每烤完一批，一定要將烤盤中多餘的油脂以廚房紙巾吸乾，再烘烤下一批。

節·日·點·心

聖誕節甜甜圈

簡單的裝飾，就可以把甜甜圈變身成聖誕節中最可愛應景的甜點。

材料

奶香甜甜圈..........24個（P142）
巧克力甜甜圈......24個（P144）
巧克力.............................適量
白巧克力..........................適量
抹茶粉.............................適量

迷你MM巧克力...適量
巧克力棒.............適量
防潮糖粉.............適量

烤盤	甜甜圈
計時	3-4 分鐘
份數	約 4-5 個

作法

1. 準備好所有的裝飾材料❶。

2. 將巧克力與白巧克力，分別隔水加熱融化❷。

3. 取另一個小碗放入白巧克力與抹茶粉，隔水加熱後攪拌均勻（因為每種抹茶粉顏色差異很大，請大家調到自己喜歡的顏色為準）。

4. 拿一個甜甜圈，沾適量的巧克力/白巧克力/抹茶巧克力❸，任意裝飾。

5. 趁還沒凝固之前，放上MM巧克力或其他裝飾，可以做出麋鹿造型❹。鹿角是用Pocky分成兩段，再沾融化的巧克力黏起來的。

6. 甜甜圈沾上抹茶白巧克力，趁還沒凝固之前，放上MM巧克力或其他裝飾聖誕樹❺。全部巧克力都凝固後，撒上適量的防潮糖粉，即完成。

Tips
巧克力要買最小的，不是一般尺寸喔！

節·日·點·心

萬聖節甜甜圈

萬聖節除了南瓜甜點,來點應景的造型甜甜圈也不錯,巧克力口味的蜘蛛網有趣又美味。

奶香甜甜圈............24個（P142）　　巧克力...............適量
巧克力甜甜圈........24個（P144）　　白巧克力...........適量
巧克力豆................................適量

烤盤	甜甜圈
計時	2-3 分鐘
份數	24 個

作法

1. 將巧克力與白巧克力各別放入小碗中，隔水加熱融化 ❶。

2. 拿取一個甜甜圈，表面沾適量的巧克力 ❷，放涼等待其凝固。

3. 再將部分融化的巧克力裝入三明治袋子，剪一個小洞，畫出蜘蛛網 ❸❹。

4. 取一個巧克力豆，當成蜘蛛的身體 ❺，再用與巧克力豆同色的融化巧克力畫出蜘蛛的腳 ❻，放涼後，即完成。

Tips
畫圖案的時候，每個步驟都要確定巧克力凝固了，再進行下一步。

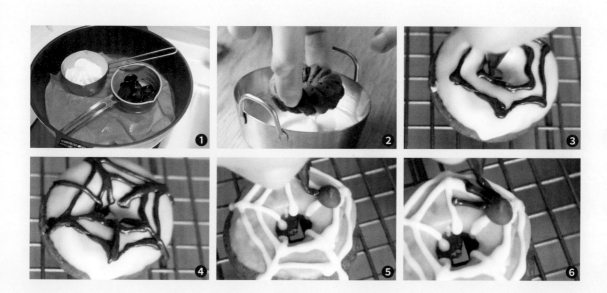

節·日·點·心

金磚
鳳梨酥

鳳梨酥是中秋節及春節期間最受歡迎的伴手禮之一。自己做的鳳梨酥,用料實在,吃得到奶油的香氣與鬆酥的口感。

烤盤	費南雪
計時	3-4 分鐘
片數	8 個

材料

奶油 75g
糖粉 30g
蛋黃 1顆
低筋麵粉 140g

奶粉 10g
現成鳳梨餡 160g
（每顆內餡20g）

作法

1. 奶油軟化之後，用打蛋器稍微打一下❶，加入過篩的糖粉攪拌均勻❷。

2. 接著加入蛋黃，再度攪拌均勻❸。

3. 繼續加入過篩的麵粉與奶粉❹，攪拌均勻❺。蓋上保鮮膜，放入冰箱休息10分鐘。

4. 將麵糰分成8等份❻，每個約33g，稍微整成圓形，鳳梨餡1顆使用20g。

5. 將麵糰壓扁，放上鳳梨餡❼，包起來後❽，再搓成長的橢圓形❾。

6. 鬆餅機預熱完成後，放入鬆餅機❿，上蓋，約4分鐘左右即完成⓫。

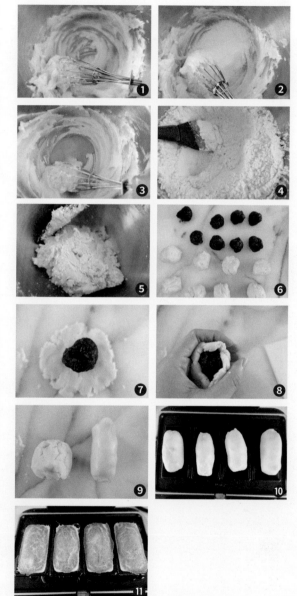

Tips

- 每烤完一批，一定要將烤盤多餘的油脂⓬，用廚房紙巾吸乾，否則過多的油脂會流到導熱管，產生燒焦味。
- 在烘烤第一批的時候，可先將剩餘的4個麵糰，放入冰箱冷藏，等要烤時再取出。
- 取出鳳梨酥時，可用小的矽膠刮刀輔助取出⓭，較不易碎裂。

烤盤索引

辣媽*Shania*
給新手的零廚藝、超省時鬆餅機料理 72

作　　者 l 郭雅芸 辣媽 Shania
發 行 人 l 林隆奮 Frank Lin
社　　長 l 蘇國林 Green Su

出版團隊

總 編 輯 l 葉怡慧 Carol Yeh
主　　編 l 鄭世佳 Josephine Cheng
企劃編輯 l 石詠妮 Sheryl Shih
責任行銷 l 黃怡婷 Rabbit Huang
裝幀設計 l 柯俊仰 Yang Jyun
版面構成 l 張語辰 Chang Chen
封面攝影 l 吳宇童 MuseCat Photography
梳　　化 l Cheryl Wu彩妝造型

行銷統籌

業務處長 l 吳宗庭 Tim Wu
業務主任 l 蘇倍生 Benson Su
業務專員 l 鍾依娟 Irina Chung
業務秘書 l 陳曉琪 Angel Chen
　　　　　 莊皓雯 Gia Chuang
行銷主任 l 朱韻淑 Vina Ju
發行公司 l 精誠資訊股份有限公司　悅知文化
　　　　　 105台北市松山區復興北路99號12樓
訂購專線 l (02) 2719-8811
訂購傳真 l (02) 2719-7980
專屬網址 l http://www.delightpress.com.tw
悅知客服 l cs@delightpress.com.tw
ISBN：978-986-510-111-4
建議售價 l 新台幣380元
初版一刷 l 2020年11月

國家圖書館出版品預行編目資料

辣媽Shania給新手的零廚藝、超省時鬆餅機
料理 / 辣媽Shania作. -- 初版. -- 臺北市：精
誠資訊, 2020.11
　　面；　公分
ISBN 978-986-510-111-4(平裝)
1.點心食譜

427.16　　　　　　　　　　　　109016421

Vitantonio®

1999年成立的日本消費性小家電品牌
以打造簡潔外觀及符合消費者使用需求為設計宗旨
其高質感鬆餅機廣受亞洲消費者喜愛
強調對於吃的追求，不再只是食物的美味
更延伸到使用家電的設計細節
接觸材質的安全性到製作過程的便利性
都更加重視，並且追求盡善盡美
這就是新日本食感生活

多種烤盤可替換 百變點心輕鬆做

熱情紅

雪花白

多用途吐司烤盤

瑪德蓮烤盤

鯛魚燒烤盤

銅鑼燒烤盤

方型鬆餅烤盤

法式薄餅烤盤

杯子蛋糕烤盤

熱壓三明治烤盤

塔皮烤盤

費南雪烤盤

帕里尼烤盤

熱壓吐司烤盤

愛心鬆餅烤盤

迷你塔皮烤盤(單)
需搭配杯子蛋糕烤盤使用

甜甜圈烤盤

Vitantonio®
多功能計時鬆餅機

- 新機上市
- 新增計時器
- 900W高功率
- 全新多用途烤盤
- 強化防溢漏溝槽

附贈全新食譜本
10種日本研發的創意食譜，甜鹹料理、西點洋食融合，讓你百變美味跟著做

---

point 1 全新多用途吐司烤盤

每日備餐超級好幫手
隨機附贈最新多用途吐司烤盤，面積更大更深，一次烤兩份美味三明治，備餐更迅速！

內餡夾更多 口感更厚實
烤盤內深可夾入豐富餡料，且內餡不壓扁，保留厚實內餡，一口咬入多種美味！

point 2 高溫烘烤 完美鬆餅

900W高功率可將烤盤快速預熱至最佳溫度，計時器3-4分鐘即完成預熱！

鬆餅外皮酥脆、內餡鬆軟，一機在手、美味鬆餅不失敗！

酥脆吐司邊 均勻熱壓吐司體
烤盤平均受熱，烤出美麗烙痕吐司，吐司邊角更酥脆，無需切邊！

point 3 新增計時功能

全新升級-計時器設計，取代ON/OFF開關按鍵，不必擔心忘記關機。

可調1-10分鐘鈴響提醒，完美掌握烤色，成品更美觀，不易失敗！

point 4 烤盤安全拆卸 好清潔

烤盤防溢漏溝槽凸起強化，料理中滴漏油汙不易沾染機身底部加熱管，安全更好清潔。

台灣總代理

TEST RITE 特力集團

請認明特力集團總代理產品更有保障
客服電話 0800.356.588

 VitantonioTW

購買通路：全台HOLA、百貨專櫃、特力＋、momo、PChome等網路商城

廚房烘焙小物

dretec

Scale

Timer

Thermometer

斤斤計較　精準測量　提升效率

KOSMART
霖寶貿易有限公司

台灣總代理 ｜ 日本烘焙器具總合商

https://issuu.com/kosmart0
http://www.dretec.com.tw/
LINE ID:@395iywta
FB:霖寶貿易有限公司

Hand Mixer

金桶奶油
GOLDEN CHURN

頂級

紐西蘭金桶奶油

非基因改造 / 低卡路里 / 低膽固醇 / 草飼乳源

金桶罐裝奶油，百分之百由紐西蘭純淨天然牛奶生產製造原裝進口，非低價劣等人造奶油，滑順口感及自然香氣，是您可以安心為家人選購的食材，易打發特性及密封罐裝，節省您作業時間及儲存成本，為專業人士第一選擇。

駿豐行 - 電話：(02)2978-8607

 駿豐行

九州パンケーキ

Kyushu Seven Grains Pancake Mix

100%使用日本九州
7種穀物

每天的美味就從滿滿的九州嚴選素材鬆餅粉開始吧

鬆軟Ｑ彈新食感

100%沖繩、鹿兒島產甘蔗蔗糖
不含鋁的膨脹劑
不使用乳化劑、香料、加工澱粉

更多介紹

立即購買

回函抽獎活動　辣媽Shania給新手的零廚藝、超省時鬆餅機料理72

姓名：＿＿＿＿＿＿＿＿＿＿＿　性別：□男　□女　年齡：＿＿＿＿歲
聯絡電話：(日)＿＿＿＿＿＿＿＿(夜)＿＿＿＿＿＿＿＿＿＿
Email：＿＿＿＿＿＿＿＿＿＿＿＿＿＿＿＿＿＿＿＿＿＿＿＿＿＿＿＿＿
通訊地址：□□□-□□ ＿＿＿＿＿＿＿＿＿＿＿＿＿＿＿＿＿＿＿＿＿＿

即日起至2020/12/20（日）前（以郵戳為憑）寄回本書書末回函，即有機會抽中Vitantonio多功能計時鬆餅機、Vitantonio鬆餅機烤盤組……等好禮。

| 獎項說明 |

熱情紅 VWH-50B-R（4,880元/台）1台，共2名

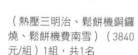

（熱壓三明治、鬆餅機銅鑼燒、鬆餅機費南雪）（3840元/組）1組，共1名

銅鑼燒烤盤（1280元/組）1個，共1名

費南雪烤盤（1280元/組）1個，共1名

熱壓三明治（1280元/組）1個，共1名

Vitantonio手持攪拌棒五件組（2980元/台）1組，共2名

| 得獎名單公布 |

感謝 **TEST RITE 特力集團** 熱情贊助

2020/12/28（一）將於悅知文化facebook（https://www.facebook.com/delightpressfan/）公布得獎名單

| 注意事項 |

1. 活動獎項寄送地區僅限台澎金馬。
2. 回函資訊請使用正楷字體正確填寫，不得冒用或到用他人身份，如有不實或不正確之情事，將被取消活動資格。
3. 悅知文化將個別以郵件或電話聯繫得獎者，確認收件資訊。
4. 如聯繫未果，或其他不可抗力之因素，悅知文化得保留活動變更之權利。
5. 活動聯絡人：悅知文化 黃小姐 02-2719-8811#818。

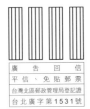

SYSTEX | 悅知文化
making it happen 精誠資訊 | Delight Press

精誠公司悅知文化　收

105 台北市復興北路**99**號**12**樓

（請沿此虛線對折寄回）

辣媽Shania
給新手的零廚藝、超省時鬆餅機料理72

悅知文化
Delight Press